华侨大学问题哲学研究中心系列丛书

名誉主编：贾益民　主编：马雷

学丛书

华 地资助

华侨 项目资助

Kexue Feikexue Weikexue

科学·非科学·伪科学
—— 划界问题

林定夷/著

中山大學出版社
SUN YAT-SEN UNIVERSITY PRESS

·广州·

图书在版编目（CIP）数据

科学·非科学·伪科学：划界问题/林定夷著．—广州：中山大学出版社，2016.10

（LDY 科学哲学丛书）

ISBN 978 - 7 - 306 - 05684 - 9

Ⅰ．①科… Ⅱ．①林… Ⅲ．①科学哲学 Ⅳ．①N02

中国版本图书馆 CIP 数据核字（2016）第 092940 号

出 版 人：徐 劲
策划编辑：周建华
责任编辑：王 睿
封面设计：林绵华
责任校对：刘丽丽
责任技编：何雅涛
出版发行：中山大学出版社
电　　话：编辑部 020 - 84111996，84113349，84111997，84110779
　　　　　发行部 020 - 84111998，84111981，84111160
地　　址：广州市新港西路 135 号
邮　　编：510275　　　　　传　真：020 - 84036565
网　　址：http://www.zsup.com.cn　　E-mail：zdcbs@ mail.sysu.edu.cn
印 刷 者：虎彩印艺股份有限公司
规　　格：787mm×1092mm　　1/16　　8 印张　　115 千字
版次印次：2016 年 10 月第 1 版　　2017 年 11 月第 2 次印刷
定　　价：32.00 元

如发现本书因印装质量影响阅读，请与出版社发行部联系调换

华侨大学问题哲学研究中心系列丛书编委会

主　　任：贾益民

副主任：许斗斗　马　雷

编　　委：（按姓氏笔画排序）

名誉主编：贾益民

主　　编：马　雷

副主编：许斗斗　薛秀军　王　阳

　　　希望本丛书对培养学生，特别是理科博士生们的科学创造能力会有所助益。

林定夷

作者简介

林定夷，男，1936 年出生于杭州，中山
大学退休教授，曾兼任国家教育部人文社会
科学重点研究基地评审专家，教育部科学哲
学重点研究基地（山西大学科学技术哲学研
究中心）首届学术委员会委员，中国自然辩
证法研究会科学方法论专业委员会理事，华
南师范大学客座教授，《自然辩证法研究》
通讯编委，《科学技术与辩证法》编委，目

前仍兼任国家自然辩证法名词审定委员会委员，中国自然辩证法研究
会科学方法论专业委员会顾问，华侨大学问题哲学研究中心学术委员
会主席。此前曾出版学术专著《科学研究方法概论》《科学的进步与
科学目标》《近代科学中机械论自然观的兴衰》《科学逻辑与科学方
法论》《问题与科学研究——问题学之探究》《科学哲学——以问题
为导向的科学方法论导论》，编撰大学教程《系统工程概论》，主编
《科学·社会·成才》，在国内外发表学术论文 100 余篇。其学术研
究成果曾获得首届全国高校人文社会科学研究优秀成果奖二等奖、全
国自然辩证法优秀著作奖二等奖、中南地区大学出版社学术类著作奖
一等奖（2007 年）、全国大学出版社首届学术类著作奖一等奖、广东
省哲学社会科学研究优秀成果奖一等奖、首届广东省高校哲学社会科
学研究优秀成果奖二等奖、中山大学老教师学术著作奖等多种奖励。

名誉主编简介

贾益民，1956 年 10 月生，山东惠民县人，汉族，暨南大学中文系毕业，获文学学士、硕士学位及泰国吞武里大学荣誉博士学位，现任华侨大学校长、教授、博士生导师，兼任华侨大学董事会副董事长兼秘书长、华文教育研究院院长、海上丝绸之路研究院院长、海外华文教育与中华文化传播协同创新中心主任、侨务公共外交研究所所长；系享受国务院特殊津贴专家，荣获泰王国国王颁授"一等泰皇冠勋章"。

主编简介

马雷，1965 年生，哲学博士，现任华侨大学特聘教授，华侨大学问题哲学研究中心主任，华侨大学哲学与社会发展学院科技哲学学科带头人，博士生导师。国家社会科学基金项目评审专家；国家博士后基金项目评审专家，教育部学位评估中心评审专家。曾任东南大学人文学院教授，东南大学人文学院学术委员会委员。2009 - 2010 年赴美国密歇根大学哲学系访学，合作导师为美国哲学学会会长、美国科学哲学联合会主席劳伦斯·斯克拉教授。

主要领域是科学哲学、逻辑学、问题学等，突出学术贡献是创建协调论科学哲学、构建系统化的联合演算理论。代表作：《进步、合理性与真理》（人民出版社 2003 年）；《冲突与协调——科学合理性新论》（商务印书馆 2006，2008 年）；《论联合演算》（科学出版社 2013 年）。在 A&HCI、CSSCI 等国内外核心期刊发表论文 50 余篇。主持完成国家社科基金项目 2 项，教育部项目 1 项。代表作曾获国家教育部高等学校科学优秀成果奖和江苏省第十届、第十三届哲学社会科学优秀成果奖。

系列丛书总序

贾益民

随着中国综合国力的增强，哲学在中国的发展日益兴隆。在哲学的大家庭中，华侨大学的哲学学科也显示出强劲的发展势头。近年来，华大在哲学学科建设方面取得显著成效：现有哲学本科专业，哲学一级学科硕士点、马克思主义哲学博士点、哲学一级学科博士后流动站；哲学一级学科被列为国务院侨办重点学科、福建省特色重点学科；另有福建省社会科学研究基地"华侨大学生活哲学研究中心"和福建省高校人文社会科学研究基地"海外华人宗教与闽台宗教研究中心"。华大还刚刚成立了"问题哲学研究中心"和"国际儒学研究院"。这些学科点和研究基地的建立一方面反映了华大哲学团队的学术积淀，另一方面也为华大哲学未来的发展提供了强有力的基础平台。

问题哲学研究中心的成立是华大发展哲学的重要举措之一，该中心将秉承华大哲学追求高端化、精致化和国际化的传统，汇聚国内外问题哲学学者，形成问题哲学的学术共同体，交流和研讨问题哲学的前沿课题，推出问题哲学的高端成果，开拓问题哲学的新的综合性的学科方向。目前，问题哲学中最吸引人的、最具有创新基础的部分是作为科学哲学分支学科的问题学和作为逻辑学分支学科的问题逻辑、问句逻辑。希望问题哲学研究中心推出的系列丛书不仅能够展现以往相关领域的学术精华和学术进路，也能够奉献问题哲学的最新独创成果。

我们相信问题哲学研究中心推出的系列丛书会给不同层面的读者带来精神的愉悦和享受。对于一般读者，丛书透过问题哲学的窗口向他们普及科学哲学、问题学、科学逻辑和问题逻辑的基础知识，了解科学和哲学是如何通过问题联接起来的，了解问题在思维科学中的独特地位和影响，从而在日常生活中学会恰当地提出问题、分析问题和解决问题。对于研究型读者，丛书中的研究成果将有助于他们在具体的科学探索活动和哲学思维中合理地并创造性地提问和解答，少走弯路。就学科建设而言，系列丛书的问世将有力地催生一门新的学科分支——问题哲学，推动学术界对这个学科方向的关注和兴趣，并以此为出发点、参照系和交流基础，促进问题哲学的全面、深入发展。

系列丛书的最大特点是创新。学术创新是令人神往的，因为新思想、新知识的产生是一种勇敢的飞跃，一种"会当凌绝顶，一览众山小"的境界，意味着鲜花和掌声；但学术创新也是充满风险的事业，因为探索道路上的荆棘可能划伤我们的身体，新思想、新知识本身也要经过风霜严寒的敲打和考验，这意味着奉献和牺牲。不能说这些丛书尽善尽美，在编辑和写作过程中，不妥甚至错误之处在所难免，特别是，当人们从不同的立场和视角，运用不同的方法去审视丛书中的思想内容的时候，可能会得出不同的结论。可能有称赞者，也可能有否弃者，但我们更鼓励那些从丛书中汲取营养并推进哲学探索进程的人。我们需要正衣冠的镜子，我们希望不同层面的读者能够喜欢这些丛书，能够通过审慎的阅读或研讨提出中肯的批评意见，以便我们在以后的修订中不断提高和完善。

是为序。

2016 年 10 月 8 日
于华侨大学水晶湖郡

"LDY 科学哲学丛书" 总序
独立思考和严谨创新是哲学的生命

马 雷

我曾在科学网发表过一篇博客文章，根据锅、碗、瓢、盆、碟、勺、筷这些居家生活用品的特点对学者类型做了一个大致的描述：

锅：各种材料在锅里汇聚、反应，形成可口的菜肴。锅型学者有很强的创造性，能够从已有的知识和观察材料中发现新的知识。这类学者出成果较慢，冷板凳一坐就是十年、二十年，但成果一旦出来，就产生很大影响。

碗：主要用来盛饭，从锅里摄取现成的一部分，供主人享用。碗型学者几乎没有创造性可言，但吸取知识和传授知识的能力很强。这类学者反应快、口才好，能在很短的时间里获得前沿知识并传授给学生。

瓢：平时漂在水缸的水面上，必要时把水缸里的水舀到指定位置。瓢型学者没有创造性，不是科研人才，只是教学人才。这类学者是书虫，整天泡在书堆里，他们反应速度极快，领悟力极好，口才也好，能够及时完成交给的教学任务。

盆：主要用来盛物、洗菜。就创造性而言，盆型学者远不如锅型学者，但比碗型学者和瓢型学者要强些。其创造性主要表现在混合、调配和梳理知识，为锅型学者的创造做好前期准备。

碟：主要用来盛菜，面上很大、很好看，但比较浅；在餐桌上，碟是最吸引食客眼球的。碟型学者具有及时发现新知识的能力，能及时分享新知识并展示出来，他们是传播新知识的先锋，是很受欢迎的人才群体。但这类学者比较浮夸和浅薄。

勺：勺从碗里获得食物，再一点点分配给主人；勺喜欢单干，两个勺子不能同时使用。勺型学者虽然不擅长接触第一手资料，消化资料却不含糊，总是一口一口来，有耐心，不怕麻烦。他们喜欢单打独斗，不愿意与人合作，两个人合在一起，反而办不成事情。

筷：总是成双成对，一只筷子能力有限，一双筷子运用自如。除了这个特点，筷与勺差不多。从好的方面看，筷型学者具有很强的合作意识和团队精神；从坏的方面看，筷型学者缺乏独立性，依赖性太强。在消化资料方面，筷型学者与勺型学者具有同样的耐力。

在一个学者群落中，每一种类型的学者都是不可或缺的，他们在各自的位置上具有不同的功能，起着不同的作用。但是，我还是想说，在这些类型的学者中，最不容易做到的、最令人敬佩的是锅型学者，他们集中体现了一个学者最难能可贵的精神品质，那就是独立思考和严谨创新。

在中国科学哲学界，有这样一位长者，他几十年如一日，以敏锐的眼光追踪科学哲学发展的前沿，以独到的视角把握科学哲学发展的主线，以深厚的学养剖析科学哲学的各色理论，以独立、大胆和严谨的学术精神提出新的问题和理论。他是一个孤独的探索者，一个思想的老顽童，一个倔强的坚守者，一个理论观点尚待深入研究的科学哲学家。他是谁？他就是华侨大学问题哲学研究中心学术委员会主席，中山大学资深教授，我们十分敬重的林定夷先生。我们把林先生说成"锅型学者"，主要是为了突出林先生的独立思考和独创精神、开拓精神，其他类型学者的很多优点在林先生身上也是有体现的。

为了促进问题哲学的创建和发展，华侨大学问题哲学研究中心系列丛书编委会决定推出系列问题哲学丛书，"LDY 科学哲学丛书"被列为系列丛书之首，先行推荐给广大读者。本丛书叫"LDY 科学哲学丛书"，是因为它全部由林先生独著，基本反映林先生几十年科学哲学思想和理论的精华。

科学哲学是研究科学理论的静态结构、动态发展和评价指标的一门学问，科学问题和科学理论是科学哲学的重要研究对象。传统科学哲学注重科学理论的研究，忽视科学问题的研究，但是，由于科学问题与科学理论密切相关，很多科学家和哲学家都强调科学问题的重要性，一些科学哲学家甚至对问题在科学发现、科学发展和科学评价中的作用给出专门的研究，但对科学问题的实质、结构、关系等缺乏全面、深入和系统的探讨。

美国科学哲学家尼克尔斯（T. Nickles）在 1978 年主编的《科学发现：逻辑与理性》一书中呼吁，应当将"面向理论"的科学哲学转向"面向问题"的科学哲学。目前以科学理论为基本导向的科学哲学也是我们研究科学问题的基础，固然传统科学哲学的基本导向是"面向理论"的，但毕竟，很多科学哲学家在具体的论述中都不可避免地提及"问题"，而这些关于问题的思想就是我们进一步深入研究问题的基础。我们需要在这个基础上形成"问题学"这样的新的分支学科。问题学是我们理解的"问题哲学"的一部分。"问题学"（problemology）的提法是在第八届国际逻辑、科学方法论和科学哲学大会（莫斯科，1987 年）上出现的，有一些学者建议建立这门新学科。而在此之前，林定夷先生就已经意识到建立问题学的重要性，并独立展开研究。经过几十年的潜心研究，林先生已经成为目前国内公认的"问题学"奠基者。实际上，林先生的研究范围和学术贡献并不局限于科学哲学意义上的问题学，林先生在问题学与系统科学方法论的关系方面也有独到的研究，并取得丰硕成果（本套丛书不包括这部分内容，但我们将择机推出），这使得林先生的问题学研究上升到问题哲学的高度。林先生也因此被学术界尊称为"林问题"。

"问题哲学"（philosophy of problem）的提法目前在国际上还没有，但 20 世纪 80 年代以来，一些学者已经在不同时期的很多场合特别提及或实际研究这样的元哲学——问题哲学。就科学哲学而言，问题学就是研究科学问题的结构关系，科学问题之间的关系，科学问题的形成、演变规律，科学问题的评价等的学问。就逻辑学而言，问题逻辑（又称问句逻辑）试图运用符号化方法研究在问题和答案范围内所产生的各种逻辑问题，研究问题的抽象结构，问题之间以及问题与答案之间的联接关系和推演关系等。但是，问题哲学仍然处于零散的探索之中，没有形成真正的学科体系。今天，我们尝试通过"问题哲学"的提法，把一切与问题相关的哲学研究纳入一个新的更大的学科之中，希望进一步推进问题哲学的发展。

总体上看，对问题哲学的研究已经在不同方向上取得很多进展，形成一个潜在的问题哲学研究共同体。当然，这个共同体还比较松散，并未形成组织体系，也无共同的交流平台，其基础概念和思想体系比较零散。为了弥补这个缺陷，华侨大学于 2016 年 8 月成立"问题哲学研究中心"，希望汇聚国内外问题哲学研究者，为创建和发展问题哲学共同努力。问题学和问题逻辑虽然分属科学哲学和逻辑学这两个学科，但我们希望把它们纳入问题哲学中，以便集中考察和研讨与问题相关的一切哲学问题，进而使我们能从"观著察微，入微探著，揭示裂隙，发现断层"的角度去发现新的问题，探究并构建能把许多领域相贯通的问题哲学理论。我们希望，在问题哲学所展示的观念下，把中国哲学、西方哲学、马克思主义哲学、科学哲学、工程技术哲学、逻辑学、符号学、心理学、人工智能、统计学、教育学等学科统一在同一个思维平台之上，从而探寻其内在联系，从一个新的角度推进学术的进展和知识的增长。

"LDY 科学哲学丛书"反映了 20 世纪以来科学哲学发展的五个主干问题及其解答，这些问题及其解答主要涉及逻辑和认识论问题，是科学工作者在科研工作中必然涉及的而且常常为其所困惑的问题。林定夷先生出身于理工科，又有深厚的哲学功底，这使得他对科学和哲学问题的理解既具体又深刻。他既善于从具体科学的原理和理论中提炼哲学的一般原理，也善于运用哲学的抽象揭示科学中不易为常人注意到的问题，在他的论述中，我们既能够享受哲学抽象的震撼力，也能够感受具体科学的魅力。特别是，林先生的思想具有极强的前瞻性，他提出的某些在当时人们看来难以接受的观点，随着时间的推移却出人意料地被接受了。我们阅读或研讨林先生的作品应当注意到其纯粹的学理性，注意到他的怀疑精神和求真精神。这套丛书不仅研讨了围绕五大主干问题的国内外相关背景知识，更重要的是，它向读者展示了作者在这些领域的开拓性和创造性研究成果。

本丛书的主要读者对象是科学家和正跟随导师从事研究的理科博士生，因为科研工作者在科学研究中所遇到的最深刻、最令人困惑的问题，常常不一定是科学问题本身，而往往是蕴藏在其背后深而不露的哲学问题。科学研究中的哲学素养关乎科研工作的科研境界最终能够达到何种高度，像牛顿和爱因斯坦这样的科学大师同时也是哲学大师，最基本、最核心、最具突破性的科学概念其实是哲学思考的结果。如果科研工作者仅仅满足于学习和应用既有的科学知识，而不了解科学知识是如何生成、如何发展的，那么他们就不可能成长为创造性的科学大师。我们特别希望本丛书对科研工作者提高科学创造能力会有所助益。当然，本丛书的读者对象是开放性的，任何对科学哲学感兴趣的读者都可以从中汲取营养，得到启发。

本丛书包括五个分册：

（1）《科学·非科学·伪科学：划界问题》。

（2）《论科学中观察与理论的关系》。

（3）《问题学之探究》。

（4）《科学理论的演变与科学革命》。

（5）《关于实在论的困惑与思考：何谓"真理"》。

这五个分册各自独立，自成体系，但又有很强的关联性。就问题本身而言，科学、形而上学、非科学和伪科学都有不同的提出方式、分析方式和解答方式，有时候，人们确实很难在实际思维和具体理论中把它们严格区分开来。第一分册《科学·非科学·伪科学：划界问题》帮助我们恰当地理解这些区别，增强科学研究的效率。在本分册中，林先生着重讨论科学与非科学（尤其是形而上学）的划界问题。形而上学虽然不是科学，但它常常隐藏或出现在科学理论的体系之中，甚至被误认为是科学理论体系的一部分。鉴于此，产生于20世纪30—50年代的逻辑实证主义提出重大使命：要把形而上学从科学中驱逐出去。逻辑实证主义者提出意义问题并试图通过意义标准划分科学和形而上学，但要区分科学与形而上学实非易事。在本分册中，林先生分别研讨了逻辑实证主义和证伪主义的划界理论，在此基础上提出自己的划界观。划界问题是否是真问题？科学与非科学和伪科学的区别是什么？科学与形而上学的根本区别在哪里？林先生有理有据的分析给我们提供了一个重要的视角和一套严格的标准。只有弄清哲学问题，才不至于在科学研究中把非科学，甚至是伪科学的东西当成科学，造成智力资源和物质资源的极大浪费。

科学理论是从实验观察的基础上归纳出来的吗？第二分册《论科学中观察与理论的关系》回答了这样一个根本性问题。在本分册中，林先生通过深入分析，对这个问题给出否定的回答。林先生认为，从事实到理论没有逻辑的通道。理论的核心是模型，是思维的创造物，用以覆盖经验并接受经验的检验。实际上，科学中的任何理论都是不可能单独接受经验的检验的；为了检验某一理论，必须首先引进或肯定另外一些假说或理论。实验观察并不提供所谓"客观事实"。林先生通过深入的概念分析剖析了科学理论的检验结构与检验逻辑。他得出令人信服的结论：实验观察既不能证实也不能证伪任何理论，它只有利于我们评价科学理论的优劣。理论的优劣要依据理论的可证伪性、似真性和逻辑简单性这三性标准来评价。实验观察只有利于评价科学理论的似真性，但似真性的评价不仅仅取决于实验观察。依据林先生所构建的科学三要素目标模型，科学并不追求与自然界本体相一致的"真理"这种虚幻的目标，而是追求愈来愈协调、一致和融贯地解释和预言广泛的经验事实，从而能愈来愈有效地指导实践。林先生提出的科学进步的三要素目标模型和相应的科学理论的评价模型在学术界可谓独树一帜，令人深思。

第三分册《问题学之探究》是作者试图创建科学哲学的分支学科——问题学的理论体系的大胆而谨慎的尝试。近几十年来，问题学的研究逐渐引起国内外很多学者的关注和实际参与，但重点各异、视角各异、分析各异，很少有系统化的成果。林先生在这个领域的工作不仅是率先的，还是系统化的。从《问题学之探究》这本书中，我们可以看出，林先生的问题学思考涉及的问题正是科学哲学家需要从问题视角探讨的最核心、最重大的问题。什么是问题？什么是科学问题？科学中的问题是如何产生的？问题如何促进科学发现和科学进步？问题的类型、结构与问题求解具有什么样的关系？如何选择和评价问题？科学中的问题是如何分解和转移的？诸如此类的问题，通过林先生的鞭辟入里的分析，展开为一幅生动有趣的问题学解答。本书中提出的基本问题、基本概念、基本命题，大都是林先生独立、严谨、创造性的思考的结果。林先生的论证既有理论深度和广度，同时又切近科学思维和科学发展的实际。从理论上看，林先生的这本问题学专著对于问题学研究是奠基性的，我们研究问题学、发展问题学，林先生的这本专著是绕不开的。而且，作为科学哲学分支学科的问题学，对于科学逻辑、科学方法论、科学管理学、科学社会学、科学心理学等学科的发展具有很大的启发价值。从实际应用来看，这本专著所提出的问题学一般原理将有助于科学研究者学会提出问题、分析问题和解答问题，减少重复劳动，提高思维效率，多出创新成果。

第四分册《科学理论的演变与科学革命》重在研讨科学理论的演变与科学革命的机制，它对于我们进一步理解理论建构和科学进步具有重大意义。在本分册中，林先生探讨了库恩的规范变革理论，特别是从逻辑和认识论的视角重点探讨了科学理论演变的两种方式：还原与整合。林先生在亨普尔和奈格尔等人的工作基础上进一步刻画了科学理论的还原结构与还原逻辑，帮助科研工作者在实际科研中学会把一个理论术语通过另一个人们更熟悉的理论术语来定义，或者把一个理论规律从另一个人们更相信的理论规律中导出。本书充分肯定理论还原的可能性和对于理解科学问题和统一科学理论的重要性，但也指出某些还原理想的巨大困难。例如，针对当前科学界关注的焦点，本书特别讨论了把生物学还原为物理－化学所面临的困难。同样，林先生也强调整合方法的可能性和重要性，该方法是把各个学科中的问题纳入一个更广阔的理论视野中考察，从而得到一致的、系统的理解和解答。通过这样的探讨和论证，林先生有力反驳了库恩的理论不可通约性观点。与第三分册中提出的"三要素目标模型"相呼应，林先生在本书中提出科学理论的"三性评价模型"，对该模型涉及的具体概念作出深入的逻辑刻画、历史解释和理论说明。本书中的内容将有助于科研工作者在更加宏大、开阔的视野中从事科学理论的构建、创造和拓展工作。

在大多数人看来，科学问题和科学理论的终极指向是真理。但是，什么是真理？关于真理的理论不可谓不多，甚至某种真理理论能够一度占据优势地位，例如符合论真理观就认为科学只追求与世界本体（或客观本质）相一致的"真理"。但是，林先生有自己的看法。在本丛书的最后一册《关于实在论的困惑与思考：何谓"真理"》中，林先生通过深层的逻辑和认识论分析，揭示了"实在论"背后的四个不可解决的难题：人类的感知与世界的关系问题；语言与感知的关系问题；归纳问题；理论的多元化问题。通过严谨的分析，林先生指出，实在论论题实际上只不过是一个形而上学论题，因而无论对它做出肯定或否定的回答，都不可能做出合理论证。林先生提出了自己的工具主义科学观，它是某种非实在论，但不是反实在论的，其核心观点是：科学理论只是解释现象的工具；在相互竞争的诸多理论中，愈是具有高度可证伪性、高度似真性和逻辑简单性的理论就是愈优的理论。林先生的工具主义科学观既不是实在论的，也不是反实在论的，而是处在实在论和反实在论之间的一种理性主义科学观。它肯定科学能够帮助我们观察世界、理解世界，帮助我们构建理论去解释和预言经验现象，但并不认为某种科学理论是不可更改的"真理"。只要科学理论更符合科学标准，其概念的变更和创造都是自由的，这在某种程度上讲，是从科学哲学的角度鼓励科研工作者不要墨守成规，而应该大胆地同时也十分谨慎地从事创造性工作，将严谨的科学理性和非理性的诗性思维结合起来，突破旧理论的局限，构造新的更优的科学理论。

不难看出，本丛书的五个分册基本是按照"科学与非科学—观察与目标—问题与求解—方法与标准—实在论与反实在论"这样的逻辑路线展开的，每个分册自成体系，但连接起来又构成一个更大的体系。这是一个科学哲学的"理论别墅"，不仅外观精致、朴实、优美，而且走进去，你会发现一个个不同的精神花园，哲学土壤肥沃，逻辑枝干舒展，科学之花盛开。任何一个被其中某个分册所吸引的读者都不太可能对其它分册置若罔闻，他们会穿过那一道门，走进四通八达的内室，在尽情地观赏和享受中充分地利用这份天赐的美好礼物。

是为序。

2016 年 10 月 16 日
于华侨大学滨水一里

序　言

　　我在拙著《科学哲学——以问题为导向的科学方法论导论》一书中，曾经较系统地阐述了我对科学哲学几十年研究思考的一些成果，于2009年出版并于2010年重印。从此书出版后的五六年间的情况来看，读者们对此书的反映良好，在某种程度上，甚至有些出乎我的意料。当年，当出版社与我商量出版此书的时候，我明白地向他们坦陈：出版我的这本书肯定是要亏本的，它不可能畅销；我的愿望只是，这本书出版后，第一年有10个人看，10年后有100个人看，100年后还有人看。但出版社的总编辑周建华先生却以出版人的特有的眼光来支持我的这本书的出版，他主动为我向学校申请了中山大学学术著作出版基金，并于2009年让它及时问世。从出版后的情况来看，情况确实有些超乎我的想象。这本书的篇幅长达72.5万字，厚得像一块砖头，而且读它肯定不可能像读小说那样地轻松愉快。设身处地地想，要"啃"完它，那确实是需要耐心、恒心的。但事后看来，第一年过去，肯定有10个以上的人看完了它（我这里说的不是销量，销量肯定是这个数的数十倍乃至上百倍，但我关心的是读者有耐心确实看完了它，因为这才是我和读者的心灵交流），因为在网上读者阅后对它发表了评论的就不下10人。现在5年过去，读完此书的人也肯定不止10人，也不止100人，因为已经看到至少有百人左右在网上发表了他们阅读后或简或繁的评论。更重要的是，读者与我之间发生了某种共鸣，甚至给了我某种特殊的好评。就在亚马逊网上，我看到至少有7个评论，其中有一位先生做出了如下评论，兹录如下：

　　评论者　caoyubo

　　该书为中国本土科学哲学家最有学术功力著作之一，几乎在每一个科学哲学的主题方面作者都能做到去粗取精，去伪存真，发自己创见之言，特别在构建理论、科学问题、科学三要素目标、科学革命机制等章节都有超越波普尔、库恩等大师的学术见解。作者通过分析介绍前人观点，分析得失，提出问题，给出自己解决结果，展现科学哲学的背景知识和自己贡献，分析深透，论证有力，结论信服。该（书）应该成为我国基础研究人员和对科学方法论关心的人员的必读著作。本书是笔者见到的本土最有力度的科学哲学著作，乃作者一生心血之结晶。

（注：其中括号内的"书"字可能是评论者遗漏，我给补充上去的——林注）

还有一些年轻的朋友发表了如下评论和感慨：

评论者　yeskkk

可惜我不敢攻读哲学类的专业，不然我肯定会报读中大的哲学，日后就研究科学哲学！我并非完全赞成作者的观点，但我是被说服了。我只感到很难反驳，我只能拥护他的观点。要说使得我不得不每页花上两分钟来看的书（不是说很难看，而是佩服得不敢快点看），目前就只有《给教师的建议》和这本书了。

评论者　yaogang

通读完这本书，感觉很有价值，本是抱着试试看的态度买这本书的，殊不知咱国内也有写出这样著作的学者，不容易！！！！

更令人欣慰的是，复旦大学哲学学院科学哲学系（筹）系主任张志林教授亲口告诉笔者，他们指定我的这本书是该系科学哲学博士生唯一的一本中文必读参考书。

但通过与读者交流和我自己的反思，我深感我的那本书还没有完全实现我的初衷，也并未能真正满足读者的需要。我写的那本《科学哲学——以问题为导向的科学方法论导论》，其本意是要面向科技工作者、理工科的研究生（博、硕）、大学生，尤其是那些正从事研究的科学家们的。在那里我写道："在我看来，科学哲学的著作，应当具有大众性。它的读者对象绝不应该只局限于科学哲学的专业小圈子里，它更应该与科学家以及未来的科学家的后备队，包括大学生、研究生进行交流。让他们一起来思考和讨论这些问题，以便从中相互学习，相得益彰。"但这本书写得这么厚，就十分不便于实际工作中的科学家和学生花费那么大的精力和那么多的时间去啃读它，所以有的实际科研工作者诚恳地向我建议，应当把它打散成为一些分专题的小册子，让实际的科研工作者和学生有选择地看自己想要看的那个专题。

此外，那本书主要是以学术著作的形式来写作和出版的，因此主要就限制在从正面来阐述和论证我的学术见解，对于本应予以批判的某种影响广泛的庸俗哲学以及在国内甚至在科学界存在的混淆科学与非科学甚至伪科学的情况，虽然我如骨鲠在喉，不吐不快，但是为了让此书在我国当时的条件下能顺利出版，我还是强使自己"咽住不吐"，即使有所漏嘴，也没能"畅所欲言"。现在，我想在这套丛书中，来补正这两个缺陷。我把这套丛书定位在中高级科普的层次上，主要对象就是科技工作者和正在跟随导师从事研究的理工农医科博、硕研究生以及有兴趣于科学哲学的广大知识分子。

一般说来，所谓"高级科普"，其本来的含义是指"科学家的科普"，即专业科学家向非同行科学家介绍本专业领域最新进展的"科普"，是以（非同行）科学家为对象的"科普"，而这样的"科普"同时具有很强的学术性，是熔"学术性"与"科普性"于一炉的"科普"。而"中级科普"则是介于高级科普与完全大众化的所谓"低级科普"之间的科普。当然，我们这样来定位"高级科普"，是以某些成熟的自然科学为参照来说的。其实，所谓的"学术性"与"科普性"，在不同的学术领域是不同的。特别是就某些哲学和社会科学领域而言，它们的"学术论文"往往并不像某些成熟的自然科学领域的研究论文那样，仅仅是提供给少数的同行专家们看的，并且也只有少数同行专家才能看得懂。相反，在这些哲学、社会科学领域里所产生的研究论文，尽管都是合乎标准的"学术论文"，但它们本身却同时具有"大众性"。这些论文往往是提供给大众看的，至少对于知识分子"大众"而言，他们往往是能够大体读懂它们的。因此，这些学术性的研究论文，它们本身已具有一定的科普性。在那里，中、高级科普与学术论文就"大众性"方面而言，其界限往往是模糊的。此外，我们还得说清楚，我们在这里把这套丛书定位在"中高级科普"的层次上，也只能说是一种借喻，在某种意义上，它是"词不达意"的。其关键就在于"科普"这个词上。"科普"者，乃是指"科学普及"，但我们这套丛书乃是科学哲学的普及读物。而哲学，包括科学哲学，并不是可以笼统地叫作"科学"的。相反，除了认识论等等局部领域以外，就哲学的总体而言，其主体是不能称之为"科学"的。关于这一点，大家阅读了本丛书的第一分册《科学·非科学·伪科学：划界问题》以后，就会知道了。所以，本丛书原则上是一套中高级的科学哲学普及读物，而哲学，包括科学哲学，就目前的发展水平而言，除了某些领域（如逻辑学、分析哲学、语言哲学和部分意义上的科学哲学等）以外，其学术性与中高级科普的界限实际上还是难以区分清楚的。

在本丛书中，作者除了想克服前述的两个缺陷以外，更想在已有研究的基础上，对科学哲学中诸多问题的思考，做出进一步的深化和拓展。所以在本丛书中，作者在已发表的成果的基础上，对不少问题的研究做出进一步的展开，此外，还对一些重要问题做了深化的表述。

作为科学哲学丛书，我们想在这里首先向读者简要介绍何谓"科学哲学"。"科学哲学"这一词组，它所对应的是英语中 philosophy of science 这个词组，它的主体部分是科学方法论。英语中有另一个词组是 scientific philosophy，业界约定把这个词组翻译为"科学的哲学"，这个词组的意思是，有一种哲学，它是具有"科学性"的，因而它本身可以看作一门"科学"。实际上，像这样的所谓的"scientific philosophy"是不存在的。虽然有的哲学常常自夸它是一种具有科学性的"哲学"，或者自命自己是一门"科学"，甚至是

"科学的最高总结"。而关于 philosophy of science，从业界的习惯而言，对它（即"科学哲学"）可以有广义和狭义的理解。从狭义而言，科学哲学就是"科学方法论"。而"科学方法论"也并不研究科学中所使用的一切方法。科学中所使用的方法（the methods used in science）原则上可以分为两类：一是由科学理论所提供的方法，二是由元科学理论所提供的方法。

从原则上说，任何一门科学理论都具有方法上的意义，都能向我们提供一定领域中的科学研究的方法。因为任何一门科学（自然科学和社会科学）都研究并向我们提供了一定领域中的自然和社会发展的规律，而从一定意义上说，所谓方法，就是规律的运用；方法是和规律相并行的东西，遵循规律就成了方法。所以，从这个意义上说，尽管为了实现一定的目的，方法可以是多样的，但方法又不是任意的。我们演算一道数学题，尽管可以运用许多种方法，但是它们实际上都要遵循数学的规律，都是数学规律的运用。在生物学研究中，我们运用分类方法，这种分类方法的实质是对自然界中生物物种关系的规律性知识的运用；人们首先获得了这种规律的认识，然后再自觉地运用这种规律去认识自然，就成了方法。同样，光谱分析法是近代化学分析中的一个极其重要的方法。但这种方法的基础就是对各种元素的原子光谱谱线的规律性的认识，把这种规律性认识运用于进一步的研究，就成了光谱分析法。由此可见，科学研究中所运用的方法，有一部分是由（自然）科学理论本身所提供的，是存在于（自然）科学本身之中的。一般而言，对自然界任何规律（一般规律和特殊规律）的认识，都可使之转化为对自然界的研究方法（对社会规律的认识也一样）。我们所认识的规律愈普遍，其所对应的方法所适用的范围也愈宽广；反之，由特殊规律转化而来的方法也只适用于特殊的领域。

但是，自然规律是自然科学的研究对象，这种由自然规律转化而来的方法（如生物分类法、光谱分析法）是各门自然科学的内容，也就根本用不着建立另外的什么学科来涉足这些方法了。原则上，这种由自然规律转化而来的方法可以归入 scientific methods 一类，虽然它也是一种 the methods used in science。所以，科学方法论作为一门研究专门领域的独立的学科，并不研究科学中所运用的这样一类方法，即由各门科学理论本身所提供的那种方法。

那么，科学方法论究竟研究一些什么样类型的"科学方法"呢？

问题在于：在科学中，除了必须运用由各门自然科学理论本身所提供的方法以外，在各门科学的研究中，还不得不运用另一类方法，即通过研究元科学概念和元科学问题所提供的方法。科学方法论所研究的正是这一类方法，所以，科学方法论是一门独特的学科，它有自己的独特的研究领域；它是一门以元科学概念和元科学问题为研究对象的特殊学科。因为它以元科学概念和元科学问题为对象，所以归根结底它也是一门以科学为对象的学科。从这个意义上，科学方法论也可以被归结为一门元科学。所以，从这个意义上，科学哲学不是一门科学。科学以世界为对象，科学哲学则以科学为对象，两者的研究方法也不同。科学运用科学方法论，科学哲学则以研究科学方法论为内容。

那么，简要地说来，什么是"科学方法论"呢？

科学方法论是一门以科学中的元科学概念和元科学问题为对象，研究其中的认识论和逻辑问题的哲学学科。

那么，又何谓"元科学概念"和"元科学问题"呢？

在自然科学中（社会科学也一样），常常不得不涉及两类不同性质的概念和问题。其中有一类是各门自然科学本身所研究的概念和问题，如力学中的力、质量、速度、加速度等，或者，即使它们本身不是本门学科所研究的概念和问题，而是从旁的科学学科中引申和借用来的，如生物学中也要用到许多有机化学的概念，甚至也要用到"熵"这个物理学（具体说是热力学）中的概念。但不管如何，它们都属于自然科学本身所研究的概念和问题。但是，不管在哪一门自然科学的研究中，都不得不涉及另外一类性质上不同的概念和问题。这类概念和问题，是各门自然科学的研究都要以关于它们的某种预设作为基础，但又不是各门自然科学自身所研究的那些概念和问题。举例来说，在科学中，固然要使用诸如力、质量、速度、加速度、电子、化学键、遗传基因等科学概念，以及诸如万有引力定律、孟德尔遗传定律、中微子假说、β衰变理论等科学定律和理论，这些概念、定律和理论都是由各门自然科学所研究的，它们属于各门自然科学本身的内容。这些概念、定律和理论，我们可以称之为"科学概念"、"科学定律"、"科学理论"。科学本身所要解决的是一些科学问题，诸如重物为什么下落，太阳系中行星的运动服从什么样的规律，等等。

但是，科学中还不得不涉及另外的一类不同性质的概念和问题。对于这类性质的概念和问题，各门自然科学都不加以研究，或者说，这些概念和问题不属于它们的研究对象。但是，各门自然科学都必须以关于它们的某种预设作为自身研究的基础。举例来说，例如，各门自然科学中都不得不使用诸如假说、理论、规律、解释、观察、事实、验证、证据、因果关系，以至于"科学的"、"非科学的"这些用以描述科学和科学活动的概念和语词。这些概念和语词及其相关的问题，都不是任何一门自然科学所研究的，但在各门自然科学的研究中却都预设了这些概念的含义以及相关问题的答案。例如，当某个科学家说他创造了某个理论解释了某个前所未释的现象，或某个理论已被他的实验所证实等等时，这就马上引出了一些问题：我们凭什么说，或者是依据了什么标准说，某个现象已获得了解释，特别是科学的解释？我们又是依据了什么标准说，某个理论已被他的实验观察所证实？当科学家们做出了这种断言时，逻辑上真的合理吗？又如，为什么有的解释不能成为科学的解释？例如，对于同一个物理现象，比如纯净的水在标准大气压力下，温度上升到100℃沸腾，下降到0℃结冰，对此，物理教科书中有一种解释，黑格尔式的辩证法又另有一种解释（它用质、量、度等这些概念来解释）。这两种解释所解释的都是同一种物理现象，而且看来都合乎逻辑，只要承认它的前提，其结论是必然的。但为什么黑格尔式的辩证法用"质"、"量"、"度"等概念所做出的解释不能写进物理教科书，不能被认为是一种科学的解释呢？原因在哪里？科学理论必须满足什么样的特点和结构？科学的解释必须满足什么样的特点和结构？今后我们会知道，科学解释都是含规律的。但是，什么是规律呢？什么样的命题才称得上是规律呢？规律陈述必须满足什么样的特点和结构呢？你可能会说，规律陈述必须是全称陈述并且是真陈述。但是，试想，这样的答案能站得住脚吗？又如，通常都说，科学家总是通过实验观察以获得事实来检验理论的，甚至说，实验观察是检验理论的最终的和独立的标准。但是，通过合理的反思，我们就要问，实验观察就不依赖于理论吗？实验观察中通常要使用测量仪器，但我们为什么要相信仪器所提供的信息呢？仪器背后的认识论问题到底是怎样一回事？一个简单的事实就是，仪器背后就是一大堆的理论。所有这些就是元科学概念和元科学问题。

所谓"元科学概念"和"元科学问题"，就是指那些各门科学的研究都要以它的某种预设做基础，却又不是各门科学自身所研究的那些概念和问题。这里所谓的"元"（meta－），是指"原始"、"开始"、"基本"、"基础"的意思。

由此看来，科学哲学（我们这里主要是指科学方法论）与科学的关系是非常密切的，但它又不是科学本身。它们两者所关注和研究的问题是很不相同的。那么，科学哲学和科学究竟有一些什么样的关系呢？简要地说来，它们两者的关系可以形象地大体概括为：

1. 寄生虫和宿主的关系

即科学哲学必须寄生在科学上面，它离开了科学就无法生存与发展，从这个意义上，作为一名科学哲学家，就必须懂得科学，有较好的科学素养。如果一个科学哲学家自己不懂得科学，所谈的"科学方法论"只是隔靴搔痒，与科学实际上没有关系，那么，他所说的"科学哲学"或"科学方法论"就没有人听，至少科学家不愿意听。

2. 互为伙伴

就是说科学哲学与科学是互为朋友，相互帮助，相得益彰的。一方面，科学哲学的研究与发展要依赖于科学，但另一方面，科学哲学又能对科学的发展提供帮助。目前在国内，由于某种特殊的原因，哲学在知识界的"名声不好"，所以有许多科学家内心里贬低哲学，但这只是由于某种历史造成的误解所使然，许多人把哲学笼统地理解为那种特殊的"贫困的哲学"。实际上，哲学，特别是科学哲学，对于科学的发展是会提供许多看不见的重大帮助的。举例来说，爱因斯坦的科学研究就曾深深地得益于科学哲学的帮助。爱因斯坦一生都非常注重科学哲学的学习与研究。早在他年轻的时候，他就与几个年轻好友组织了一个小组，自命为"奥林匹亚科学院"。他们在那里一起讨论科学和哲学问题，特别是一起阅读科学哲学的书籍。在那个小组里，他们从康德、休艾尔到孔德、马赫甚至彭加勒的书都读。爱因斯坦建立相对论，与实证主义哲学对他的影响关系十分密切。爱因斯坦自己曾经高度评价了马赫的科学史和哲学方面的著作，认为"马赫曾以其历史的、批判的著作，对我们这一代自然科学家起过巨大的影响"，他坦然承认，他自己曾从马赫的著作中"受到过很大的启发"。他的朋友，著名的物理学家兼科学哲学家菲利普·弗兰克也曾经说："在狭义相对论中，同时性的定义就是基于马赫的下述要求：物理学中的每一个表述必须说出可观察量之间的关系。当爱因斯坦探求在什么样的条件下能使旋转的液体球面变成平面而创立引力理论时，也提出了同样的要求……马赫的这一要求是一个实证主义的要求，它对爱因斯坦有重大的启发价值。"20世纪伟大的美国科学史家霍尔顿也曾经指出，在相对论中，马赫的影响表现在两个方面。其一，爱因斯坦在他的相对论论文一开头就坚持，基本的物理学问题在做出认识论的分析之前是不能够理解清楚的，尤其是关于空间和时间概念的意义。其二，爱因斯坦确定了与我们的感觉有关的实在，即"事件"，而没有把实在放到超越感觉经验的地方。爱因斯坦一生都在关注哲学、思考哲学。他后来对马赫哲学进行扬弃，并且有分析地批判了马赫哲学，这都说明爱因斯坦在哲学的学习、研究与思考上有了新的升华。爱因斯坦曾经自豪地声称："与其说我是一名物理学家，毋宁说我是一名哲学家。"可见爱因斯坦一生深爱哲学，他的科学创造深深得益于他深邃的哲学思考。其他许多著名科学家也有这方面的深刻体验。

3. 牛虻

科学哲学对于科学而言，不仅只是依赖于科学，它与科学互为朋友，而且科学哲学有时候又会反过来叮它一下，咬科学一口。科学家研究科学，但他所提出的理论却不一定是合乎科学的。例如，著名的德国生物学家杜里希提出了他的"新因德莱西理论"，他还自鸣得意，科学界最初也没有能对这种理论提出深中肯綮的批评。倒是科学哲学家卡尔纳普在一次讨论会上首先对这种理论进行了发难，指出这种理论根本不具有科学的性质，它只不过是一种形而上学理论罢了。一般不懂科学哲学的科学家很难做出这种深中肯綮的批评。又如，像前面所说的有的科学家动辄宣称我的实验观察证实了某个理论。这时，科学哲学家就可能站出来指责说：通过实验观察所获得的都是单称陈述，而理论则是全称陈述，你通过个别的或少数的单称陈述就宣称证实了某个理论，这种说法合理吗？科学哲学家会从逻辑上来反驳这种说法的合理性。科学哲学并不简单地跟在科学后面对科学唱颂歌，它对科学，对科学家的科学理论和科学活动，都会采取批判的态度。它可能从这个方面来推动科学前进。

然而，科学哲学和科学尽管有密切的联系，却又有原则的不同；科学哲学家的任务与科学家的任务有原则的不同，相应地科学哲学的研究活动与科学的研究活动也有原则的不同。具体地对某些自然现象做出科学解释，这是科学家的科学活动，但对科学解释的一般结构和逻辑做出认识论反思，这却是科学哲学的任务。具体地通过实验观察来检验某一种科学理论，这是科学家的科学活动，但思考科学理论究竟是怎样被检验的，进而一般地探讨科学理论的检验结构与检验逻辑，这却是科学哲学的课题。在具体的科学研究中选择某一种理论作为自己的研究纲领，这是科学家的科学活动，但对这些活动进行反思，思考一般地说来在科学研究中，应当怎样评价和选择理论；提出在相互竞争的科学理论中，评价科学理论的一般标准或评价模式，这就是科学哲学的任务了。这种界限还是比较清楚的。尽管许多科学家在进行科学活动的时候，不得不去探讨这些元科学问题，甚至提出某种元科学理论。但当他们这样做的时候，我们就说他作为科学家在进行哲学思考。这种思考本身不是科学研究，而是属于哲学方面的研究。一个科学家很可能同时是一个哲学家，正像有的哲学家当他介入具体的科学研究之中，去具体地创立某种科学理论或检验某种科学理论的时候，他就是在从事科学的研究并成为一个科学家一样。

　　通过以上说明，我们应当已大体说清楚科学哲学或科学方法论是什么，它们与科学的关系是什么了。

　　本丛书总共包括以下五个分册，分别是：

　　（1）《科学·非科学·伪科学：划界问题》。

　　（2）《论科学中观察与理论的关系》。

　　（3）《问题学之探究》。

　　（4）《科学理论的演变与科学革命》。

　　（5）《关于实在论的困惑与思考：何谓"真理"》。

　　以上这些内容大体上涵盖了 20 世纪以来科学哲学研究的主干问题。本丛书除了分析性地提供这些领域上的背景理论以外，也着重向读者提供了作者在这些领域上的研究成果，以供读者批评指正。作者的目的在于抛砖引玉，冀希于我国学者在科学哲学领域中做出更多的创造性成就。

前　言

什么是科学？什么是非科学？什么是伪科学？我们经常听到这方面的争论，曾经在媒体和网上也闹得不可开交，但似乎谁也说服不了谁。情况似乎表明，这些问题不但普通百姓关心、官员关心，科学家也关心；同时，对这些问题，不但普通百姓说不清楚，官员说不清楚，本身从事科学的科学家也说不清楚；这个问题本身是一个哲学问题，但哲学家们也说不清楚。因此，我们在本丛书中提出这个问题来讨论，以引起进一步的深入探讨，绝不是没有意义的。

说到底，上面这些问题的核心是要在科学与非科学之间划出一条"界限"。所以，在国际科学哲学界，把这个问题称之为"划界问题"。划界问题的实质，是要分析清楚科学不同于其他任何非科学的观念形式的基本性质是什么，或者说，是要划出一个清晰的界限来回答"科学是什么"。近一两百年来，划界问题，始终是一个科学哲学中困扰人的举世难题。

本书的内容，就是要分析清楚作为当今的公共语词"科学"与一切"非科学"的东西的基本区别在哪里。

这个问题的实质，就是要分析清楚我们当今所理解的科学不同于其他任何非科学的观念形式的基本性质是什么，或者说，是要划出一个界限来回答"科学是什么"。由于对这个问题的思考，不但要引发出科学哲学中的许多相关问题，因而对科学哲学的研究具有重大的理论意义，而且对科学的正常发展，对于科学家的研究工作，以及对于在知识分子和广大民众中宣传和普及科学精神、科学思想和科学方法，提高国民的科学素质，都具有重大的现实意义。因此，自近代科学产生以来，"划界问题"就历来被科学家和哲学家们所高度关注，而各种邪恶势力，也常常利用"划界问题"上的界限不清和故意混淆界限，来提倡伪科学，打击真正的科学。举例来说，1616 年，罗马教廷在审判伽利略以后，曾宣布哥白尼学说是"伪知识"，即"伪科学"；20 世纪 30 年代，希特勒法西斯上台以后，曾宣布爱因斯坦的相对论是"犹太人的科学"，是"伪科学"；1948 年，斯大林领导下的苏共中央还曾正式做出"决议"，宣布孟德尔－摩尔根的遗传学理论是"伪科学"，致使大批正直的科学家被投入监狱，甚至被迫害致死。在当前我国的社会生活中，我们也常常见到混淆科学与伪科学，以伪科学、反科学的东西冒充科学，或者以科学的名义支持伪科学的情况；相反，也出现了拿"伪科学"的帽子乱打棍子的情况。划界问题，目前正成为我国科学界、哲学界甚至整个知识界关注的、看来还不会平静的重大问题。

由于在科学的实际运行中，科学与诗歌、小说、戏剧、宗教、神话等等意识形式容易区别清楚，困难的是科学与形而上学的区别，而且形而上学家也常常为自己的形而上学理论打出"科学的"旗号。科学家也常常因在研究工作中未能区别清楚科学与形而上学的界限而犯错误，所以，历史上的科学家与哲学家在这个问题上的思考和研究，其着重点都是要划清科学与形而上学的界限。事实上，在这个问题上搞清楚了，科学与其他非科学的界限也就清楚了。

由于在我国，科学哲学的研究从来比较薄弱，尤其是关于科学与非科学的划界问题，打从 1949 年以后，连最初步的补课工作都不可能进行了，导致了我国的知识界，包括科学界、哲学界、新闻界，在划界问题上严重"缺课"。新中国成立以后，多次出现反科学浪潮，以及后来以反对"伪科学"的名义出现的某些不正常现象，其实都与划界问题上的观念模糊和混淆密切相关。迄今为止，我国在这个问题上的研究和普及工作仍然做的不能令人满意。因此，作者呼吁，我国的知识界、科学界和哲学界都来关注这个问题，加强对这个问题的研究工作和宣传普及工作，这对在我国创造更加宽松、宽容和自由研究的学术氛围，并在国民中普及科学精神、科学思想、科学方法、科学知识，免受伪科学、反科学的东西的危害，一定能起到很好的作用。

目　　录

第一章 科学·非科学：划界问题

什么是科学？什么是非科学？什么是伪科学？我们经常听到这方面的争论，曾经在媒体和网上也闹得不可开交，但似乎谁也说服不了谁。情况似乎表明，这些问题，不但普通百姓关心，官员关心，科学家也关心；同时，对这些问题，不但普通百姓说不清楚，官员说不清楚，甚至本身从事科学的科学家也说不清楚；这个问题本身是一个哲学问题，但哲学家们也说不清楚。因此，我们在本丛书中提出这个问题来讨论，以引起进一步的深入探讨，绝不是没有意义的。

说到底，上面这些问题的核心是要在科学与非科学之间划出一条"界限"。所以，在国际科学哲学界，把这个问题称之为"划界问题"。划界问题的实质，是要分析清楚科学不同于其他任何非科学的观念形式的基本性质是什么，或者说，是要划出一个清晰的界限来回答"科学是什么"。近一两百年来，划界问题，始终是一个科学哲学中困扰人的举世难题。

这个问题之所以困难，首先在于不但科学本身在变化，而且更重要的是"科学"这个词的含义在历史上是演变着的。我们今天汉语中所说的"科学"一词的含义，相当于现代英语中的 science 一词的意思。而 science 一词的意思在历史上有一个演变的过程。据考证，英语中 science 一词源于拉丁语 scientia，science 是直到 14 世纪才进入英语词汇的。初期，scientia 和 science 在英语中混用，具有某种普适性知识的意思，而哲学（philosophy）则是把普适性知识看作自己的本分，所以 science 和 scientia 一样，最初具有某种哲学取向的含义，两者没有明确的界限。可以说，直到牛顿那个时代，人们还很少使用 science 这个词，当时的科学家常常把他们所研究的科学称之为哲学（philosophy）。大家知道，牛顿于 1687 年出版的，并奠定了近代科学之基础的名著，其书名之拉丁文为 *Philosophiae Naturalis Principia Mathematica*。牛顿的书当时是用拉丁文写的，其书名就用这个名称。此书翻译成英文，其书名就是 *Mathematical Principles of Natural Philosophy*，翻译为中文其书名则为《自然哲学之数学原理》。所以，牛顿当时把他所研究的"自然科学"称之为"自然哲学"。在他的《自然哲学之数学原理》一书的第三篇中，他就谈到了他为什么取此书名的考虑："今人……力图以数学定律说明自然现象，所以我在这本书中也致力于用数学来探讨（自然）哲学的问题"，"因此，我把这部著作叫作《（自然）哲学的数学原理》。哲学的全部重任似乎就是：从运动的现象来研究自然界的力，然后再从这些力去论证其他的现象"。牛顿一再把他所研究的自然科学称之为"哲学"，把他所采取的"科学中的推理方法"称之为"哲学中的推论法则"。当时，他甚至强调他当时所从事的力学和光学研究只是自然哲学的研究，而不是"物理学"的研究。在牛顿那里，所谓的"物理"，就如同公元前 1 世纪的盖米努斯一样，是指企求揭示自然界的"真实本性"或"真实原因"，这与我们今天所指称的"物理"已有重大的差别。牛顿认为他为解释自然现象而构建数学－力学的模型，不属于物理的研究，其方法也不属于物理学的方法。但从今天的眼光来看，牛顿的这些研究及其方法，都是典型的物理学的。由此可见，在近几百年的历史中，人们对"科学"、"哲学"、"物理学"这些词的含义和用法是变化着的。这种变化，甚至直到今天也还留下了它的痕迹。大家知道，当今的某些欧美国家，他们对理科博士所颁发的乃是"哲学博士"的学位证书，就是这种痕迹的表现。在英语中，大约要到18 世纪以后，甚至直到 19 世纪，science 一词才获得了近代的内容，即把"科学"一词指称那些用实证方法对自然界进行分门别类的系统研究的学问①。至此以后，science（科学）一词的意义才相对稳定下来。既然 science（科学）一词的含义在历史上是演变着的，因而它所指的边界实际上也是变化着的。实际上，在近代科学产生以前，

---

① 参见李醒民《"科学"和"技术"的源流》，载《河南社会科学》2007 年第 5 期。

在学术界中并不存在"科学"与"非科学"的划界问题，当时哲学家们所讨论的主要是"知识"和"意见"的区别在哪里。提出"知识"和"意见"的区分，最初是出于古希腊哲学家柏拉图。柏拉图认为，我们所处的世界，是由"理念世界"和"现象世界"所组成的。理念的世界是真实的存在，永恒不变，而人类感官所接触到的只是现象世界。现象世界只不过是理念世界的微弱的影子，它由现象所组成，现象所体现出来的东西都模糊不清，而且会因时空等因素而表现出暂时性和变动不居的特征。柏拉图认为真正的知识，来自通过智慧对客观存在着的理念世界的反思和回忆，"知识"具有确定性。在柏拉图看来，数学就是一种真正的知识的典型。数学定理不是通过我们感官的感知所可产生的，它必须通过我们的智慧反思理念世界中的理念和形式才能得到。而通过我们的感官只能得到作为理念世界的模糊影子的关于现象的模糊观念，这样的观念只是没有确定性的"意见"而已。自此以后的一千多年中，在西方，随着哲学观念的变化，学者们往往进一步讨论"知识"和"意见"的含义和区分标准在哪里。真正意义上的"划界问题"，即科学与非科学的划界问题，是直到近代科学逐步走向成熟以后才产生的。卡尔·波普曾认为，18世纪的英国哲学家休谟已经注意到这个问题，但是，稍后的德国著名哲学家康德第一个把划界问题看作知识理论的中心问题，所以，他把划界问题称之为康德问题。

本书的内容，就是要分析清楚作为当今的公共语词"科学"与一切"非科学"的东西的基本区别在哪里。

这个问题的实质，就是要分析清楚我们当今所理解的科学不同于其他任何非科学的观念形式的基本性质是什么，或者说，是要划出一个界限来回答"科学是什么"。由于对这个问题的思考，不但要引发出科学哲学中的许多相关问题，因而对科学哲学的研究具有重大的理论意义，而且对科学的正常发展，对于科学家的研究工作，以及对于在知识分子和广大民众中宣传和普及科学精神、科学思想和科学方法，提高国民的科学素质，都具有重大的现实意义。因此，自近代科学产生以来，"划界问题"就历来被科学家和哲学家们所高度关注，而各种邪恶势力，也常常利用"划界问题"上的界限不清和故意混淆界限，来提倡伪科学，打击真正的科学。例如，1616 年，罗马教廷在审判伽利略以后，曾宣布哥白尼学说是"伪知识"（"伪科学"）；20 世纪 30 年代，希特勒法西斯上台以后，曾宣布爱因斯坦的相对论是"犹太人的科学"，是"伪科学"；1948 年，斯大林领导下的苏共中央还曾正式做出"决议"，宣布孟德尔 - 摩尔根的遗传学理论是"伪科学"，致使大批正直的科学家被投入监狱，甚至被迫害致死。在当前的社会生活中，我们也常常见到混淆科学与伪科学，以伪科学、反科学的东西冒充科学，或者以科学的名义支持伪科学的情况；相反，也出现了拿"伪科学"的帽子乱打棍子的情况。划界问题，目前正成为我国科学界、哲学界甚至整个知识界关注的重点。

由于在科学的实际运行中，科学与诗歌、小说、戏剧、宗教、神话等意识形式容易区分，但科学与形而上学的区别较困难，而且形而上学家也常常为自己的形而上学理论打出"科学的"旗号，科学家也常常因在研究工作中未能区别清楚科学与形而上学的界限而犯错误。所以，历史上的科学家与哲学家在这个问题上的思考和研究，其着重点都是要划清科学与形而上学的界限。事实上，在这个问题上搞清楚了，科学与其他非科学的界限也就清楚了。

这里，我们首先有必要介绍一下形而上学这个词的含义。"形而上学"一词源出于对亚里士多德的著作的编目与分类。亚氏留下的"书稿"，常常都是他讲课的讲稿，甚至是学生的听课笔记，因而常常未有书名。亚氏死后，他的学生为其著作编目和分类。亚氏的著作很多，其中包括逻辑、修辞、天文学、物理学、生物学、政治学、伦理学等等。但是，他有一部分书稿，其内容完全是纯思辨的、超经验的，看起来像物理学，但又不像物理学，亚氏的学生为其编目和分类时感到为难。一时想不出给它冠以什么书名为好，于是把这些书稿在分类安放时把它放到了物理学的后面，顺便就给它冠名为"metaphysics"，以便好找。metaphysics 一词直译的意思就是"在物理学后面"，指的是它在书架上的位置。往后，就成为惯例，凡是那种纯思辨的、超经验的学说就都被称为 metaphysics。对于怎么把

metaphysics 这个词译为中文，是个难题，显然，把它直译为"在物理学的后面"是不伦不类和不妥当的。清末，我国著名翻译家严复在翻译"metaphysics"一词时，根据这个词本身内容的特点，认为它与我国古人所说的"道"十分相似。老子《道德经》中"道"玄之又玄，是完全思辨的和超经验的，相应地，他又依我国古籍《易经·系辞》中的一句话："形而上者谓之道，形而下者谓之器"，于是，他就把 metaphysics 这门研究类似于"道"的玄之又玄的学问翻译成为"形而上学"，所以，形而上学又称"玄学"。严复的这个翻译真是十分巧妙，妙得无与伦比。"玄学"可以说是"形而上学"一词的正宗意思。所以，从近代以来，科学昌盛，"形而上学"几乎是一个被贬义的词儿。牛顿就已经发出过警告："物理学，当心形而上学啊！"到了 18 世纪，休谟、康德就开始批判形而上学。在 19 世纪，孔德等人更把批判形而上学当作自己研究哲学的主要任务。黑格尔也顺势把形而上学当作自己哲学的批判对象。但黑格尔所说的"形而上学"实际上已是指另一个意思，即与他的"辩证法"相对立的一种思维方式。所以，在历史上，"形而上学"一词被演化出两种不同的意思。一种是传统的、正统意义上的意思，即"玄学"，它是一种玄之又玄的纯思辨的、超经验的学问；另一种是黑格尔意义上的，那是指与他的辩证法相对立的思维方式。这两种"形而上学"实际上是两个不同的概念。正像我们说"杜鹃"这个词，它既可以指杜鹃花，也可以指杜鹃鸟。但杜鹃花与杜鹃鸟是两种不同的东西，不可以混淆。特别值得注意的是，从传统的或正统的意义上说，即从"玄学"的意义上说，那么黑格尔自己所称道的辩证法，不但不是反形而上学的，而且正好也是彻头彻尾的形而上学的，而且按波普尔的评价，它是一种坏的形而上学的典型。由于毛泽东实际上并不懂得哲学，所以他在他的"名著"《矛盾论》中，开篇就说了一句外行话。他说：有两种宇宙观，一种是辩证法，一种是形而上学。形而上学，又称玄学。明眼人一看便知，他这里所说的"形而上学"是在黑格尔意义下使用的，而不是在传统的、正统意义下使用的。如果从正统的、"玄学"的意思上使用"形而上学"一词，那么他所想讲的那个辩证法就不但不是反形而上学的，而恰恰是典型地形而上学的。毛泽东显然不太懂得哲学，他把两种不同的形而上学概念搞混了，或者说，他望文生义，把"杜鹃花"与"杜鹃鸟"搞混了。以上就是大体介绍了"形而上学"一词的意思。请注意：我们在本丛书中所说的"形而上学"，是在正统的、传统的意义上说的。提醒这一点，可能有助于读者往后的阅读。

确实，划清科学与形而上学界限的问题，既是一个重要的、深层次的哲学问题，又是一个科学家所关心的、对科学有重大影响的问题。所以，科学家和哲学家历来关心这个问题。

早在近代科学产生的早期，牛顿就曾经告诫科学家们："物理学，当心形而上学啊！"此后，在18世纪，著名的哲学家休谟和康德都力图要划清科学与各种非科学，特别是与形而上学的界限。休谟的怀疑主义哲学就是把矛头指向神学和经院哲学的形而上学的。他在他的名著《人类理解研究》一书的最后写道："我们如果拿起一本书来，如神学书和经院哲学书，那么我们就可以问，其中包含着数和量方面的任何抽象推论吗？没有。其中包含着关于实在事实和存在的任何经验的推论吗？没有。那么我们就可以把它投到烈火里，因为它所包含的没有别的，只有诡辩和幻想。"①康德曾经把划界问题的研究大大地推向了前进。他在《纯粹理性批判》一书中首先考察了分析命题和综合命题的区别，并在此基础上对形而上学进行了批判。但康德区分科学和形而上学主要是通过划定"知性"的界限。他认为，人的知性只能与经验打交道。如果人的知性竟然想超越经验的界限，企图与自在之物打交道，那么就势必要陷入二律背反的自相矛盾的境地，自在之物是不可知的。但康德并不像后来的实证主义那样彻底地拒斥形而上学，康德只是批判并反对在他之前的那种传统的形而上学，即关于世界本体的形而上学。康德自己对形而上学有他自己的特殊的理解，他认为形而上学是人类理性的自然倾向。他认为，形而上学的对象是"纯粹理性本身不可避免的问题"，即"上帝、自由和不

---

① 休谟：《人类理解研究》，商务印书馆1957年版，第145页。

死"。并界定说："……这门以全力解决这些问题为最终目的的科学，就叫作形而上学。"① 所以，在康德那里，还没有把科学与形而上学决然对立起来。到了 19 世纪，哲学家孔德和科学家兼哲学家马赫更是高举了批判形而上学的旗帜，并把划界问题的研究大大地推向了前进。马赫在其《发展中的力学》一书中明确地宣称他的这本书"是反对形而上学的"。他继孔德之后，高举起了实证主义的旗帜。实证主义就是以反形而上学为特征的。马赫的哲学曾经对爱因斯坦的早期科学研究产生过重要的影响。

　　但是，应当承认，只有在进入 20 世纪以后，划界问题才获得了真正深入的研究。划界问题成了 20 世纪的科学哲学发展中首先被研究的一个核心问题。在 20 世纪的科学哲学中，对划界问题做出了突出关注并深入研究的，主要是两个理性主义的科学哲学学派，即逻辑实证主义学派和波普尔学派。往后的历史主义学派在这个问题上的贡献主要是对以往的划界理论进行解构，对于如何正面解决这个问题却无多大的建树。由于这个问题本身面临的困难，其中有一些哲学家甚至企图"消解"这个问题，实际上是逃避这个困难。蒯因、费亚阿本德、劳丹等人都有这种倾向。劳丹曾写过一篇著名的文章，其题目就是《划界问题的消逝》。但划界问题毕竟是不可能"消逝"的，所以，进入 20 世纪 80 年代以后，有些科学哲学家，如马里奥·邦格和萨伽德等人就企图另找思路，提出了"多元主义"的划界标准。但这些努力虽有启发，却仍然难以令人满意。经过科学哲学界将近一个世纪的努力，迄今为止，关于"划界问题"似乎仍然难以找到能够为学术界普遍接受的、令人满意的解答。但是，这只能说明这个问题的难度，而不是这个问题不存在。

　　然而，尽管存在困难，但国际科学哲学界一个世纪以来对划界问题的研究，仍然是收获颇丰的。一方面，科学哲学家们已经把对这个问题的研究大大地推向了前进，如今，学术界对划界问题的诸方面的理解深度已是今非昔比了；另一方面，科学哲学家们在研究划界问题

---

① 康德：《纯粹理性批判》，商务印书馆 1960 年版。

时，对于与此问题相关的其他科学哲学问题的研究却大有斩获，从而大大地丰富了科学哲学的内容。此外，科学哲学家们对这个问题的研究成果，已经足以对区分科学和伪科学提供强大的思想武器，也能对科学家们的科学创造提供强大的思想武器。首先揭露杜里希的"新活力论"不是科学理论而只是一种形而上学理论的学者，不是一名科学家而是一名科学哲学家（卡尔纳普），并最终获得科学界的公认，就是一个明证；而爱因斯坦创立相对论时深受实证论思想的启发并打上了实证论思想的深深烙印，是又一个明证。也因为如此，关于这个问题的研究成果，对于在科学界、知识界以及广大民众中普及科学精神、科学思想和科学方法，也不失为一种重要的财富。

但是，由于某种众所周知的原因，"划界问题"在我国，如同在苏联时期一样，始终未能获得正常的研究与普及。尽管在20世纪的20年代，在我国曾经发生过有一定影响的"科玄之争"（即科学与形而上学之争），也曾有少数学者，如丁文江、王星拱等人，向国内初步介绍了实证论学派的划界观念，但就总体而言，这种介绍和争论还是初步的，还谈不上有真正深入的研究，只能属于在划界问题上的初步"补课"的性质。但是，当历史进入到1949年以后，由于某种特殊的历史条件，连这种"补课"的工作也不能正常进行了。一方面，权威方面一再从"政治的高度"宣布"马克思主义哲学是一门科学"，并被明确地写进了经中共中央政治局审议的官方哲学教科书中，这个定位从根本上否定了在我国合理地讨论划界问题的可能性；另一方面，意识形态部门又一再从"政治的高度"强调，包括逻辑实证主义学派和波普尔学派在内的西方科学哲学都是资产阶级的"反动哲学"。这样一来，学术界对合理地讨论划界问题就噤若寒蝉；划界问题就成了一个真正的学术禁区。由于划界问题被模糊，并被政治所干扰，于是就出现了如下的怪现象：一方面，我国的党和政府高度重视科学；另一方面，却又一再出现了有领导地以政治"冲击"科学，甚至出现反科学的浪潮。早在新中国成立不久，就在政治意识形态部门的操控之下，以革命的名义，发动了对孟德尔－摩尔根遗传学的大批判，各大学所开设的遗传学及其他相关课程被停开，著名科学家胡先骕、谈家桢、李景均等遭到迫害和批判，胡先骕命运悲惨，李景均被迫流亡国外，谈家桢也被迫多次检讨。在 1958 年的所谓"教育革命"中，许多高校曾有组织地把爱因斯坦的相对论和牛顿力学都批判为"资产阶级的科学"，喊出了"打倒爱家店"和"打倒牛家店"的口号。在"文化大革命"的恶浪中，作为当时"中央文革小组"负责人的陈伯达又一次在中国科学院组织部分人批判爱因斯坦的相对论是"反动的资产阶级科学"。至今，对 20 世纪在我国发生过的这段历史，特别是对混淆划界问题的宣称"马克思主义哲学是科学"的官方定位，仍未被认真反思，以至于直到改革开放以后，学术界对划界问题也未能有真正深入的研讨，甚至仍然阻力重重。以致如今，我们还在吞食着由于模糊划界问题而带来的历史苦果。

从哲学上来说，划界问题可以说蕴涵了往后科学哲学中几乎一切问题。所以，历来的哲学家们都重视划界问题。正如前面所言，真正提出划界问题是近代以来的事情。波普尔认为康德首先提出了这个问题，所以，他把划界问题称之为"康德问题"。逻辑实证主义所讨论的核心问题可以说就是划界问题，并从划界问题引申出其他种种科学哲学问题。在逻辑实证主义的理论中，划界问题明显地蕴涵着其他一系列哲学问题。因为他们的划界原则是"可证实性原则"。但"可证实性原则"明显地要以归纳原理的合理性和理论命题与观察命题的绝对二分法为其前提，因而就引出归纳问题和中性观察问题，要为归纳的合理性和中性观察做出辩护。其他关于科学解释的结构、科学理论的结构、科学理论的检验、科学理论的评价等等各种科学哲学问题，都要与划界问题挂起钩来。波普尔在其学术自传性的著作《无穷的探索》一书中，也说到他也是从划界问题开始进入哲学研究的。他从划界问题思考到归纳问题，否定归纳的合理性和可能性，提出著名的证伪主义理论，对逻辑实证主义提出了全面的批判。在 20 世纪，逻辑实证主义和波普尔主义是首先深入地研究了划界问题的两个著名的哲学学派，它们的理论是往后研究划界问题的基础和出发点。后面，当我们进一步讨论划界问题的时候，我们将对它们给予较多的关注。

　　由于划界问题对科学有重要的影响，所以，划界问题也为历来的科学家们所关注。由于科学家们对划界问题，尤其是对科学与形而上学的划界问题在理论上没有搞清楚，所以常常在科学研究中受到形而上学的不正常的骚扰，影响了他们的研究效率和研究成果的取得。例如，牛顿虽然警惕科学受形而上学的骚扰，因而曾经提出过著名的警告"物理学，当心形而上学啊"，但是最终他却在自己的科学研究中渗透进了许多形而上学的东西，如绝对时空观、对质量和惯性的定义，等等。马赫正是从驱逐形而上学的意义上，对牛顿力学做出了具有深远历史意义的批判。又如，直到20世纪20年代，著名的德国生物学家杜里希（他在海胆研究上曾经做出过非常杰出的工作）致力于解决生物学中的许多困难而复杂的问题，费尽心力，但结果他所提出来的理论——"新活力论"只不过是一种形而上学理论，根本构不成科学理论，受到了科学界的唾弃。但他自己当初自以为提出了一种了不起的科学理论，浪费了大把的聪明才智和科学年华。

　　由此可见，划界问题不但对科学哲学的研究而言是非常重要的，而且对于科学家的科学工作而言也是十分重要的。

　　在国际上，有鉴于"划界问题"对科学和哲学的重要性和迫切性，在19世纪末、20世纪初的物理学危机与革命的时期，曾有一大批科学家和科学哲学家关注于这个问题的研究，如马赫、迪昂、普恩凯莱、毕尔生、罗素、维特根斯坦等等。像马赫，作为实证主义第二代的代表，他的工作虽然有点极端，但却很重要。马赫虽然并不一般地否定形而上学的价值，但马赫的哲学工作的主要任务差不多就是要划清科学与形而上学的界限，把形而上学从科学中驱逐出去。他的首要目标是瞄准牛顿力学并对它进行哲学分析，剖析其中的形而上学成分，指出现有的牛顿力学形态不是必然的，等等。这些分析对爱因斯坦建立相对论曾经起过非常重大的作用。爱因斯坦曾经明确地写道："马赫曾经以其历史的、批判的著作，对我们这一代自然科学家起过巨大的影响。"[①] 他坦然承认，他自己曾从马赫的著作中"受到很大

---

　　① 爱因斯坦：《爱因斯坦文集》（第一卷），商务印书馆1976年版，第84页。

的启发"①。实际上，马赫的工作，对于我们今天也仍然具有巨大的启发价值。

　　20 世纪以来，哲学方面，通过逻辑实证主义学派和波普尔学派的研究，在划界问题上已经取得了重大的进展。但是，尽管研究有进展，然而它目前仍然面临着许多难解之题。而在我们中国，划界问题仍然迫切地面临着一个"补课"的问题。所以，笔者非常希望我国学者都来关注这个问题。

---

① 爱因斯坦：《爱因斯坦文集》（第一卷），商务印书馆 1976 年版，第 86 页。

第二章　逻辑实证主义学派关于
"划界"的理论

第一节　逻辑实证主义划界理论之概说

逻辑实证主义的划界标准是以"可证实性标准"为基础的。而可证实性标准又与他们的"意义"标准相关联。由于在逻辑实证主义学派的不同学者中，对于"陈述"和"命题"的含义各有不同的用法，因此，我们下面采用艾耶尔的用法来介绍他们的理论[①]。一般认为，句子是语言中表达陈述或命题的，不同的句子可以表达同一个陈述或命题。如果一些句子在逻辑上是等值的，那么它们就只是同一个陈述或命题的不同表述。

按照艾耶尔的特殊用法，陈述可以分为两大类：有意义的陈述和无意义的陈述。无意义的陈述无所谓真假，有意义的陈述则称为命题，它们有真假之别。一个陈述是否有意义，就通过可证实性标准来区分。有意义的陈述，又可以分为两类：一类是分析命题，一类是综合命题。这两者的证实方法是不同的。分析命题是分析地可证实的；综合命题是综合地可证实的。（当然，有许多人并不区分"命题"和"陈述"这两个词，把两者看作相同的东西，把无意义的陈述称作"伪陈述"或"伪命题"，有意义的则称之为"陈述"或"命题"）。

按照艾耶尔的用法，我们可以用图 2 - 1 把逻辑实证主义的划界原则清晰地表示出来。

在这个图 2 - 1 中的关键又在于分析命题和综合命题的含义。

[①]　参见艾耶尔《语言、真理与逻辑》，上海译文出版社 1981 年版。

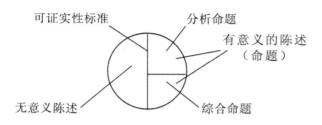

图 2-1　逻辑实证主义的划界问题

逻辑实证主义关于分析命题和综合命题的区分，已经获得了国际分析哲学界几乎一致的认可。

所谓分析命题，就是其真假仅以意义的分析为根据而不依事实为根据的命题。相应地，所谓分析真理，就是以意义为根据而不依赖于事实的真理。

例如：$(a+b)^2 = a^2 + 2ab + b^2$，$P \vee \overline{P}$，$(P \rightarrow Q) \wedge P \rightarrow Q$，$(P \rightarrow Q) \wedge \overline{Q} \rightarrow \overline{P}$，等等，都是一些分析真理。因为这些命题的真，完全是依意义分析为根据的。

对于 $(a+b)^2 = a^2 + 2ab + b^2$ 或者 $(a+b)(a-b) = a^2 - b^2$，只要我们确定 a 和 b 的定义域是实数，并且对符号" + "、" - "、"（ ）"、"（ ）^{2}"都分别给出定义，那么我们就知道这两个等式的两边都不过是恒等变换，它们是先天为真的，并不需要我们把 a 和 b 分别代入不同的实数对它们进行检验。因为等式的两边所说的其实是一个东西，用逻辑学的语言来说就是它们都不过是"重言式"。

对于上述逻辑式也一样。如果我们确定符号 P、Q 是代表任意"命题"，然后赋予那些逻辑常项"→"、"∨"、"∧"、"—"以确定的意义，那么，这些命题（复合命题）也是先天为真的，无须我们用实践来检验它们。

数学定理和逻辑定理都是分析命题，它们的真理性的检验不依赖于事实，因而不能通过实验观察检验而判定其真假；相反，实验观察的检验对它们是无效的。[①]

所谓综合命题，就是其真假要依事实为根据而不能仅仅依其意义分析为根据的命题。相应地，所谓综合真理，就是依事实为根据或依事实为判据的真理。

一般说来，分析命题的真具有必然性，而综合命题的真具有偶然性。如作为综合命题的 $s = \frac{1}{2}gt^2$ 这个伽利略落体定律之所以成立，是因为宇宙间恰好有这样的一颗星球——地球，它的质量和半径恰好是如此这般的大小，而这完全是偶然的。综合命题所描述的是我们生活于其中的现实世界。

数学、逻辑作为分析命题的集合所描述的是一切可能的世界，它们并不对我们所处的具体的现实世界做出陈述；而自然科学、社会科学中的命题都是综合命题，它们所描述的是现实世界。

分析命题的真命题都是重言式，其否定式都是矛盾命题。如 $P \vee \overline{P}$ 的否定 $\overline{(P \vee P)}$ 等值于 $\overline{P} \wedge \overline{P}$。矛盾命题都是反指自身，都是永假命题。综合命题的否定并不构成矛盾命题。但是，如果某个综合命题 A 为真，则其否定 $\overline{A}$ 为假。反之亦然。

逻辑实证主义关于科学与非科学划界的理论，就是建立在区分分析命题与综合命题的理论基础上的。

逻辑实证主义把可证实性标准与意义标准、划界标准密切地捆绑起来，其中的核心是可证实性原则。因为在它们那里，可证实性既是意义的标准，也是划界的标准。划界标准被看作与意义标准密切关联着的，而它的可证实性概念的基础又在于"中性观察"和"归纳合理性"的假定。其中，为了为归纳的合理性辩护，他们从早期的传统归纳主义立场上退却下来，用概率来辩护归纳的合理性。自从卡尔纳普和莱辛巴赫以来，分别各自发展起了一套归纳概率逻辑。卡尔纳普明确强调要区分两种概率：一种称之为逻辑概率，另一种称之为统计概率。他自己发展的那套归纳概率逻辑是建立在逻辑概率的基础上的。而莱辛巴赫所发展的归纳概率逻辑则是建立在统计概率的基础上

---

① 参见林定夷《科学的进步与科学目标》，浙江人民出版社 1990 年版。

的。这些归纳概率逻辑虽有不同，但都得出一个结论：一个科学理论命题，虽然不可能被完全地证实，但却可以通过归纳逻辑而确定它们被经验证实为真的概率。

下面，我们分几个问题来讨论逻辑实证主义的划界理论。

第二节 逻辑实证主义的"可证实性"的含义

对于逻辑实证主义学派来说，"可证实性"可以说是他们的哲学的核心概念之一。逻辑实证主义哲学的最大特色是反对形而上学。而他们反对形而上学的主要武器就是"可证实性"标准。"可证实性"标准既是他们的"意义"（meaning）标准，又是他们借此区分科学与形而上学的"划界"标准。而在他们的理论体系中，"可证实性标准"，又与他们的其他许多基本理论观点，如归纳主义（坚持归纳的合理性）、中性观察论、可以把科学中的语词区分为理论语词和观察语词的绝对二分法观点、分析与综合的二分法观点都紧紧地联系在一起。所以分析他们的"可证实性"原则可以引出许许多多问题来。

（一）可证实性标准与意义标准

逻辑实证论提出"划界"这个问题，其主要目的是要拒斥形而上学，用以揭露形而上学的陈述完全是一些无意义的假陈述，不曾告诉我们任何东西。

就反形而上学这一点而言，他们是继承了休谟、康德，特别是孔德和马赫以来的观点，而他们直接传承的则是早期维特根斯坦的观点。

在历史上，孔德和马赫最早用可证实性标准来批判形而上学。而逻辑实证主义则是在他们的基础上，进一步结合逻辑的武器和语言分析，用可证实性原则来尖锐地批判形而上学。在可证实性原则这个问题上，他们也紧随维特根斯坦。维特根斯坦曾经说："假如不可能确定一个陈述是否是真的，那么这个陈述就没有任何意义。因为一个陈述的意义就是它的证实的方法。"维也纳学派的领袖石里克可以说是完全接受维特根斯坦的意见，他也强调"真实的陈述必须是有可能被证实的"。维特根斯坦在其早期哲学著作《逻辑哲学论》中提出了他的著名口号"意义即用法"，或者说"一个句子的意义就是证实它的方法"，并以此来反对形而上学。这个口号成了逻辑实证主义的中心口号。逻辑实证主义者一般都明确地承认他们是直接传承了维特根斯坦的以其《逻辑哲学论》一书为代表的早期哲学思想。

（二）分析命题与综合命题

逻辑实证主义者把有意义的命题分为两类。一类是分析命题，它们是先天地为真的。因为它们实际上是一些重言命题，它们可以通过意义分析而判定其为真；它们是分析地可证实的。另一类是综合命题，它们是一些事实命题，因而是经验上可证实的。所以，逻辑实证主义者强调有意义的句子就只是这两类。他们说："一个句子，当且仅当它所表达的命题或者是分析的，或者是经验上可证实的，这个句子才是字面上有意义的。"如果有一些句子，它们既不是分析地为真的，又不是经验上可证实的，那么，它们就是无意义的语句，或曰伪命题。形而上学语句都是一些无意义的语句，都是一些伪命题。

（三）逻辑实证主义的"可证实性"含义的演变

早期的逻辑实证主义者强调"可证实性"。但可证实性原则很容易受到攻击。所以，有些有头脑的逻辑实证主义者，如艾耶尔等人，在 20 世纪 30 年代，就已把可证实性标准实际上修改为可检验性标准。艾耶尔等人虽然仍然使用"可证实性"这个词儿，但他们所说的"可证实"，实际上只是"可检验"。所谓"可检验"，是意味着"可证实"或者"可证伪"。① 在讨论划界问题的时候，这一点很重要。然而尽管如此，逻辑实证主义的基本精神并没有变。因为它们仍然强调诸如"中性观察"、"基本陈述"或"记录语句"可以被确实证实，并以此为基础通过归纳去证实或否证理论语句。只是到了 20

---

① 参见艾耶尔《语言、真理与逻辑》，上海译文出版社 1981 年版。

世纪 30 年代以后，由于逻辑实证主义的观点已经受到了非常严重的批判，特别是波普尔的批判，这时，一部分逻辑实证主义者，像卡尔纳普等人，开始否认科学中的任何语句被确实证实的可能性。所以，卡尔纳普在《可检验性的意义》（1950）一文中，开始用"可检验性"来代替"可证实性"。[①]

第三节　关于经验上"可证实"

20 世纪 20 年代末以后，逻辑实证主义者就建立起了他们的"可证实性"原则。往后争论的焦点就在于探讨"经验上可证实"的含义。这里，如下几点特别值得关注。

（一）原则上可证实

逻辑实证主义作为意义标准或划界标准的"可证实性"只是说的"原则上可证实"（或可否证），而不是实际上被证实。它们承认，科学上有许多命题尚未被证实，但是它们仍然能够作为科学命题。如"月球的背面有山脉"，它（在当时）虽然实际上尚未被证实，但是它在原则上是可以被证实的。然而那些形而上学语句，如德国的辩证法哲学家谢林的所谓"命题"："绝对是懒惰的"，却是原则上不可证实的，因为我们不可能有任何经验能与这个陈述相关。有的形而上学语句比较迷惑人，比如大家在学唯物辩证法时，常会听到一句话，说"世界运动总量守恒"。这句话听起来就像是一条包含有丰富内容的物理定律，甚至可与"能量守恒定律"相比拟。但是，你问一下辩证唯物论哲学家："辩证唯物论所说的运动是什么意思呢？"那位哲学家马上会给你澄清概念，说："辩证唯物论所说的运动这个概念，可不仅仅是指空间位移，而是指包括思维在内的一切变化。"听到这儿，有的人一定会觉得很满意，感叹辩证唯物论真伟大："世界运动总量守恒，这是一个多么伟大而普遍的原理呀！"但是，如果提问者

① 参见卡尔纳普《可检验性的意义》，见洪谦主编《逻辑经验主义》（上），商务印书馆 1982 年版。

善于思考，他就会进一步追问："哲学家先生，包含思维在内的一切变化这种意义下的运动的量能有什么办法量度吗？它们能有什么统一的或可通约的量度单位吗？"这一问可把那位哲学家给问傻了。因为自提出这个古老命题以后的两千多年来，主张这个"命题"的哲学家们，从未思考过他们所说的"运动的量"如何量度，更不要说它是否可能会有什么量度单位了。实际上，这样的概念含混的"运动的量"是不可能有什么统一的或可通约的量度单位的，因而也不可能被量度。既然不可能被量度，那又怎么知道它守恒或者不守恒呢？所以，"世界运动总量守恒"这个"命题"，是一个形而上学的伪命题，它具有不可检验的性质。对于这种伪命题，无论对它做肯定还是否定的回答，同样都不可能被检验。比如我说"世界运动总量不守恒"，这种说法可被检验吗？同样是不可检验的。所以，这两种对立意见争论一万年也不会有结果。形而上学"命题"总是可以争论不休而且长寿，不会面临检验的风险，但这种长寿不代表它的发明者的智慧，而是因为它乃是一种未经精细思索的比较原始的思维的结果。这种思维不是深刻，而实质上是肤浅，因为它的发明者没有做真正深入的思考，甚至连是否有可能检验他所提出的"命题"也未曾思考。然而，这种形而上学又常常看起来像是很有道理，因而能够蒙骗人。在形而上学的问题上，我们可以原谅古代人，因为当时人类的知识和智力的发展水平还十分有限。但在当今的条件下，再去不断地鼓吹形而上学的东西如何"有智慧"、如何"高超"，如把中国古代的某种形而上学鼓吹为"东方智慧"，那就十分不合适了。所以，自近代以来，明智的科学家和哲学家都想要划清科学与形而上学的界限，甚至要把形而上学从科学中驱赶出去。因为形而上学实际上是不可检验的，是可以由人"胡说"却又能骗人，使人以为它乃是让人获得了真理的"妙言"。正是从这个意义上，逻辑实证主义强调一个有意义的命题，必须原则上能够被检验，不可被检验的形而上学"命题"实际上只是一些没有意义的伪命题。形而上学命题甚至被他们称之为"胡说"，因为在他们看来，它们不曾告诉我们任何东西。

（二）"强可证实"与"弱可证实"

早期的逻辑实证主义强调"强可证实"。强可证实当然会遇到困难。所以在后来，逻辑实证主义区分了"强可证实"与"弱可证实"这两个不同的概念。

强可证实：当且仅当一个命题的真实性在经验中可以被确实证实时，这个命题才是强可证实的。

弱可证实：一个命题，如果经验能使它成为或然地为真的，那么这一命题是弱可证实的。

逻辑实证主义一般承认，科学中的经验命题只是一些假设，这些假设不可能从经验中推演出来，也不可能被经验最终地确实地证实。因而它们都只具有弱可证实性。但他们强调，科学中有一类语句，他们称之为"记录语句"（或艾耶尔所称谓的"基本命题"）则是可以做到强可证实的。石里克强调记录语句是确实可证实的，即强可证实的。艾耶尔对他的"基本命题"（即记录语句）是否确实可证实（即强可证实）的问题上，有一个摇摆的过程。1936 年，他在他的《语言、真理与逻辑》一书的第五章中曾经持否定态度，但到了 1940 年以后又持肯定态度。1946 年在他为《语言、真理与逻辑》写的导言中，仍然持肯定态度。

（三）直接可证实与间接可证实

直接可证实：一个陈述是直接可证实的，如果它本身是一个观察陈述，或者它是这样的陈述，即它与一个或几个观察陈述之合取，至少可导致一个观察陈述，而这个观察陈述不可能从这些其他的前提单独地推演出来。

例如，"这张桌子上放着一只苹果"、"这是一杯纯净的水"；又如，"纯净的水在标准大气压力下，0℃结冰"，或者如"这根金属棒热胀冷缩"，甚至如"凡金属都受热膨胀"等等，都可算是直接可证实的。因为"这张桌子上放着一只苹果"可以算是一个观察陈述。"这根金属棒热胀冷缩"这个陈述，结合另一些可观察陈述，如"我加热这根金属棒，提高它的温度"，就可导出另一个可观察陈述即"这根金属棒增加了它的体积"。即使像"凡金属都受热膨胀"这样的普遍命题，也可算作是直接可证实的，因为它与几个可观察陈述结合，比如"这是一根金属棒"、"我加热它并提高它的温度"，就能导致一个可观察陈述即"这根金属棒增加了它的体积"。而"这根金属棒增加了它的体积"这个可观察陈述，并不能仅仅从"这是一根金属棒"、"我加热它并提高它的温度"这些前提中单独推演出来。诸如此类，包括像伽利略落体定律 $S = \frac{1}{2}gt^2$ 等，像这样的命题都算是直接可证实的。

间接可证实：一个陈述如果满足下列条件，那么这个陈述就是间接可证实的：第一，这个陈述与某些其他前提之合取，就可导致一个或几个直接可证实的陈述，而这些陈述不可能仅仅从这些其他前提单独地推演出来；第二，这些其他前提中不包括任何这样的陈述，它既不是分析的，也不是直接可证实的，又不是能作为间接可证实而可被另有证据地独立证实的（即可另有证据地被证实）①。

作为间接可证实的命题，我们可以举道尔顿的化学原子论为例。道尔顿的化学原子论结合着某些其他并非形而上学的命题，就能推演出定比定律、倍比定律、当量定律等原则上直接可证实的陈述。但是，像黑格尔的辩证法规律就不属于间接可证实的陈述的范围。因为虽然它在表面上也"推演出"诸如"纯净的水在100℃沸腾，在0℃结冰"的经验结论，但是它在推演出此类结论的时候，要引进"既不是分析的，也不是直接可证实的，又不是能作为间接可证实而可被另有证据地独立证实"的命题作为它的前提。

第四节　"可证实性"与"可检验性"

已经说过，早期的逻辑实证主义强调可证实性，大有毛病。所以

---

① 参见艾耶尔《语言、真理与逻辑》，上海译文出版社 1981 年版，第 11 页。并请把笔者在这里的表述与艾耶尔的表述作比较，辨认其细微而重要的差别。

稍后，如艾耶尔等人，就加以改进。艾耶尔所说的可证实性，其实是指"可检验性"。他一方面承认科学中的普遍命题要"确实地被证实"是不可能的（1936 年，也许是受到了波普尔的影响）。但同时，他也指出它们要"确实地被证伪"也是不可能的。他早在 1936 年就已批评了波普尔早年曾经提出过的简单证伪主义的主张，指出："一个假设不能确定地被证伪，犹如它不能确实地被证实。"①（当然，波普尔也并不是简单地持简单证伪主义主张。他早在 1934 年在维也纳出版的《研究逻辑》一书中就已经指出，从逻辑上说，一个理论要逃避证伪总是可能的。因而科学理论被确实地证伪也是不可能的）从用语上，艾耶尔也像其他逻辑实证主义者一样，强调可证实性原则。但是，艾耶尔等许多逻辑实证主义者的所谓可证实性，实际上只是要求一个命题的真或假，与经验相关联。艾耶尔强调："我对一个经验假设所要求的，实际上并不是要它确实地被证实，而是要求某种可能的感觉经验应当是关系到决定这个经验假设的真假。如果一个设想命题未能满足这个原则，而又不是一个重言命题，那么，我认为它是形而上学命题。"② 由于有了直接可证实与间接可证实的概念，艾耶尔又重新表述他的可证实性原则③。

第五节 用以证实假设的最终依据

笼统地说，逻辑实证主义强调科学中的理论，原则上都要求具有经验上的可证实性。所以，逻辑实证主义实际上也是主张综合性命题必须经受实践检验的。但是，逻辑实证主义绝不满足于实践检验或经验检验这种笼统的说法。他们要追问：这经验是指什么？真正能够作为基础性的证实依据是什么？因为许多通过观察或实验所获得的观察陈述并不一定可靠，仍然是需要再被检验。这"最终依据"问题是一个难题。在逻辑实证主义者中间也多有分歧和争论。

① 艾耶尔：《语言、真理与逻辑》，上海译文出版社 1981 年版，第 37 页。
② 同上书，第 29 页。
③ 参见艾耶尔《语言、真理与逻辑》，上海译文出版社 1981 年版，第 11 页。

早期逻辑实证主义者，如石里克等人强调，真正能够用来作为证实之基础的是"记录语句"，或者像艾耶尔所称谓的"基本命题"或"基本陈述"。他们一方面明白地指出，仅凭人的感觉经验并不能直接来证实任何陈述，因为陈述只能通过陈述来证明。另一方面，他们承认，许多可以称作观察陈述的语句，如"这只杯子里装着水"，这本身并不可靠。它本身还需要被检验。那么，检验这类句子的真假的最终依据是什么呢？他们强调，这类用以检验一般经验陈述的最终依据应当是"记录语句"，"记录语句"最初曾被某些逻辑实证主义者表达为"用实物表示的命题"。但这有问题。正如我们刚才举过的实例"这只杯子里装着水"，这本身并不可靠，它本身还需要被检验。所以他们中有的人后来强调，"记录语句"必须是陈述"单一经验内容"的语句。他们认为，这样的"记录语句"本身具有确实的可证实性，因此它们可以用来检验科学中的其他陈述的真假。对于"记录语句"是否具有确实的可证实性，他们中有些人最初也是动摇的。

关于早期逻辑实证主义者所强调的"记录语句"或艾耶尔所称谓的"基本陈述"，它们具有什么基本性质呢？其基本性质是它们只涉及单一的经验内容。

因此，"记录语句"具有如下形式：在时间 t，空间 s，我（张三）看到前方一片红色（只涉及单一经验）。

在早期的逻辑实证主义者看来：

（1）这样的记录语句，是确实可证实的。艾耶尔曾说："有一类经验命题，说它们能够被确实证实是可以允许的。这种命题，我在别处曾称之为'基本命题'，这些命题的特征是它们只涉及单一经验的内容，可以认为是确实证实了这些命题的东西，就是出现了它们所独一无二地涉及的经验。而且，我现在应当同意那些人的意见，他们认为这一类命题是'不可矫正的'，他们假定这些命题所以不可矫正是意味着除了在语言的意义之外，这一类命题是不可能错误的。"①

（2）记录语句（或基本陈述）是直接可证实的。

---

① 艾耶尔：《语言、真理与逻辑》，上海译文出版社 1981 年版，第 7 页。

（3）许多其他类型的经验命题是通过综合许多这类记录语句来进行证实的。例如，"这张桌子上放着一只苹果"，就要通过许多此类的只涉及单一经验内容的记录语句来予以证实。如我看到它的形状是怎么样的，我看到它的颜色是红的，我闻到了它的香味，它摸上去是凉的，甚至我咬了它一口，它的味道是香甜的，等等。我们就是通过许多诸如此类的记录语句的综合来证实这样的经验陈述："这张桌子上放着一只苹果。"但是，有的逻辑实证主义者，如卡尔纳普等人，几乎从一开始就认为"记录语句"也应包括像"这张桌子上放着一只苹果"这样的语句。关于什么是"记录语句"，在逻辑实证主义者内部是有争论的。

（4）普遍命题是通过在大量的观察陈述的基础上，通过归纳来予以证实的。所以，归根结底，记录语句是作为其他命题之可证实性的真正基础。

第六节　记录语句的困境：转向物理主义

由于早期逻辑实证主义者强调记录语句只涉及某个认知主体在特定时空条件下的特定的单一经验内容，这就不可避免地要使它陷入难以自拔的困境。首先，它不可避免地要陷入心理主义。这种某个认知主体在特定时空条件下的单一经验只是他的私人经验，这种私人经验缺乏主体间性，不可以相互核验。其次，用这种所谓的记录语句来作为科学中"证实"的基础，远远地偏离了科学。科学家绝不会用如此这般的方式来检验他们的实验和理论成果。所以，从维也纳小组的早期，像纽拉特和卡尔纳普从一开始就对上述表述的记录语句表示异议。到1932年前后，以他们两人为首，开始提倡物理主义。物理主义有两个主要的论题。第一个论题是关于科学语言的统一性论题。强调必须以"主体间可证实"作为有无科学意义的标准。在此基础上，他们强调物理语言是科学统一的语言。物理语言把科学中的每一概念都追溯到状态坐标，追溯到数值系统指定的时空点。物理语言具有普遍性和主体间性。所以，物理主义的这个论题也包含着科学方法的统一性思想。物理主义的第二个论题是断言：自然科学和社会科学中的种种事实和规律，至少从原则上都可以从物理学的理论假说中推演出来。所以这个论题包含科学统一和还原论的思想。卡尔纳普承认他的第二个论题还仅仅是各门科学的一个富有成果的研究计划，还没有通过合理的研究充分地建立起来。依据物理主义的观念，卡尔纳普和纽拉特批评了记录语句只涉及单一经验内容的说法，也批判了记录语句可以被确实证实的说法。他们虽然有时也用记录语句这种提法，但他们所说的"记录语句"已经不是只记录单一的经验内容，而是记录观察者的感性知觉（这也与他们受到格式塔心理学的影响有关。格式塔心理学强调人感知对象是整体性的）。由于转向物理主义，所以像卡尔纳普、纽拉特、菲格尔等人就努力想摆脱早期逻辑实证主义所不可避免地要陷入的心理主义绝境。菲格尔强调："既然一般认为科学活动的目的在于提供一种能够受主体间检验的知识，因此，显而易见，纯粹私人的，只能主观证实的知识论断就要被排除掉，也就是被宣布为在科学上没有意义。""物理主义把那些只能从主观上确认的语句作为科学上没有意义的语句排除掉。"[①] 由于走向了物理主义，所以他们也不再承认有某种可以被最终证实和具有确实可证实性的所谓"记录语句"。纽拉特强调说："没有任何方法可以把最终建立起来的纯粹的记录句子看作是科学的出发点。不存在任何白板，我们就像必须在茫茫大海上翻修船只的海员一样，永远不能在干船坞上把它拆下，并用最好的材料加以重建。"[②] 卡尔纳普、纽拉特等人走向物理主义，显然是受到了波普尔对逻辑实证主义的批判的影响，菲格尔曾经公开承认，他说：卡尔纳普"之所以抛弃早期 Mach – Russel 式的现象主义而赞成物理主义，主要是由于波普尔对观察命题的批判"[③]。关于波普尔怎样批判逻辑实证主义的观察命题，我们后面将予以讨论。

---

① 费格尔：《物理主义、统一科学与心理学基础》，见洪谦主编《逻辑经验主义》，商务印书馆 1984 年版，第 512～563 页。

② Neurath O. *Philosophical Papers* (1913—1946). Dordrecht. D. Reidel, 1983, p. 92.

③ 费格尔：《物理主义、统一科学与心理学基础》，见洪谦主编《逻辑经验主义》，商务印书馆 1984 年版，第 515 页。

第七节　逻辑实证主义的划界标准所包含的预设

容易看出，逻辑实证主义的划界标准除了把划界标准与证实标准、意义标准密切相联系以外，还包含有几个暗含的重要的前提。

（1）分析命题与综合命题的绝对二分法。

（2）理论陈述与观察陈述的二分法。这其中还包含观察不依赖理论的所谓"中性观察"的观念。因为在他们看来，记录语句至少是不依赖于理论的。它们是无可怀疑地确实为真的。

（3）这个意义上的"还原论"，即认为理论陈述可以还原为观察陈述，而别的类型的观察陈述又可以最终还原为记录语句。

（4）归纳合理性预设。逻辑实证主义的证实方法是以归纳概率逻辑为依据的，所以是以归纳的合理性作为预设的。

（5）拒斥形而上学。当逻辑实证主义费尽心机地设计划界标准的理论时，其主要目的就是要拒斥形而上学。拒斥形而上学，这是他们建立划界理论之前就已接受或引入的观念，并通过他们的理论使之加强，并使它们看起来有理。

以上就是逻辑实证主义在划界理论中所设定的预设。但经过后来的哲学家们，特别是波普尔学派的深入剖析和批判，表明他们的这些预设大都是站不住脚的或至少是很成问题的。

第三章 波普尔提出的划界理论

波普尔的划界理论是在逻辑实证主义的划界理论的基础上提出的，但却又是针对了逻辑实证主义的某些最基本的观点而与之对立的。波普尔在其学术自传性的著作《无穷的探索》中，曾经把他自己对划界问题的解决看作他的一大发现。划界问题被他看作比归纳问题更为重要和基本的问题。他的名著《科学发现的逻辑》就是以解决这一问题为主线的。

第一节 波普尔划界标准的特点

波普尔划界标准具有以下五个特点：

（1）否定并从逻辑上批判了逻辑实证主义的可证实性原则，代之以"可证伪性原则"。

波普尔认为，科学与形而上学的原则区别不在于它们是否可证实，而在于它们是否可证伪。科学理论必须具有可证伪性，即原则上能够被一个或一组可能的观察陈述所证伪（而不是指它们实际上被证伪）。

波普尔指出，构成科学理论的规律陈述都是严格的全称陈述，涉及无限的潜在的检验对象，而观察陈述都是一些单称陈述。从逻辑的观点看来，不管我们有多少有限数目的单称陈述，我们都不可能从单称陈述中推演出全称陈述的正确性，即使是概率意义上的正确性。因为其概率总是零。但是，从严格的意义上，从单独一个单称陈述，就能证伪一个全称陈述 [依据否定后件的假言推理（$P \rightarrow Q$）$\land \overline{Q} \rightarrow \overline{P}$]。这就是波普尔所强调的证实与证伪的"不对称性"。

波普尔指出，由于全称陈述不可能被任何有限数目的单称陈述所证实，所以，决不可按照逻辑实证主义的"可证实性标准"来作为区分科学与形而上学的划界的标准。如果按照这个标准，那么，一方面，会把自然科学当作形而上学清除掉（逻辑实证主义要求清除形而上学）；另一方面，又会把形而上学接纳到科学中来。波普尔说，如果按照逻辑实证主义者经过解释的可证实性标准，那么像占星术之类就能够完全满足他们的可证实性标准的要求。

波普尔自己认为，他所提出的可证伪性及其附加的辨别方法，解决了划界问题，并认为这是他对哲学的最大贡献。

（2）把划界问题与意义问题分开。

波普尔认为意义问题是一个伪问题（pseudo – problem），并要求把"意义问题"当作"伪问题"排除掉。当然，后来波普尔在这个问题上有所让步，因为逻辑实证主义关于意义的理论也在发展。但不管怎样，波普尔把"意义问题"说成是伪问题是不对的（虽然正如蒯因在《经验主义的两个教条》一文中所指责："意义"本身的意义是十分含混而不清晰的）。

波普尔承认形而上学没有经验内容或者是"非经验的"。但是，他指责说，当逻辑实证主义者试图说形而上学只是一些"无意义"的"胡说"时，他们实际上是试图比这说得更多，明显地包含着对形而上学的贬抑的评价，实际上还认为形而上学没有价值（worth）。他指出，如果仅仅想说形而上学不属于科学（划界），那么只要指出形而上学既非分析的，且无经验内容或具有"非经验"的性质，也就够了。因为逻辑实证主义者所说的"无意义"，说来说去就只是指形而上学语句既非分析的，又无经验内容罢了。既如此，再反复地说形而上学"无意义"，并制造一套理论，那纯粹是不必要的重复，毫无价值。所以他指出，逻辑经验主义说形而上学"无意义"，实际上是要贬斥形而上学，是要说形而上学"无价值"。①

（3）在对形而上学的态度问题上，波普尔不像逻辑实证主义者那样，不加分析地绝对拒斥形而上学。

---

① 参见波普尔《科学发现的逻辑》，科学出版社1986年版，第9页。

在形而上学是否有价值的问题上，在是否要笼统地拒斥形而上学的问题上，波普尔与逻辑实证主义者采取了决然不同的态度。他强调形而上学也可以有价值，因为可以有好的形而上学，也可以有坏的形而上学。他说："无可否认，与阻碍科学前进的形而上学一起，也曾有过帮助科学前进的形而上学思想，例如思辨的原子论。"① 波普尔对黑格尔的思辨哲学没有好感，他把黑格尔的思辨哲学看作一种坏的形而上学的实例。

（4）考虑到划界标准的复杂性，波普尔声称其所提出的"可证伪性"的划界标准只是"对一个协议或约定的建议"。

波普尔并没有强调他的可证伪性标准是科学与形而上学划界的唯一合理的标准，而是强调他所提出的标准只是对一个协议或约定的建议。他说："对于任何一种这样的约定的合适性，人们可以有不同的意见。关于它的合理性的讨论，将以人们的不同的价值目标为转移，而关于价值目标的选择，最终是一种'决定'，超出理性讨论的范围。"② 并且，他也坦率地承认："归根结底，是价值的判断和偏爱指导我达到我的建议的。"他原则上希望理性主义者接受他的建议③。

（5）波普尔强调，以"可证伪性标准"作为科学与非科学的划界标准，还需要引进他的辨别方法或经验科学的方法论规则作为补充。所以，他的实际主张是：划界标准 = 可证伪性标准 + 辨别方法（经验科学的方法论规则）。

波普尔指出："经验科学的特征不仅在于它的逻辑形式，而且还要加上它的辨别方法。"④ 波普尔清晰地指出，一个理论是否具有"可证伪性"，这是可以从理论的逻辑形式中予以判定的。同时，他也明白，由于科学理论检验结构等方面的特点，一个理论当面临反例时要逃避证伪也总是可能的。为此，他承认：他的"可证伪性"作为划界标准还不能直接应用到陈述系统上去⑤，而是还必须引进一种

① 波普尔：《科学发现的逻辑》，科学出版社 1986 年版，第 12 页。
② 同上书，第 11 页。
③ 参见波普尔《科学发现的逻辑》，科学出版社 1986 年版，第 12 页。
④ 波普尔：《科学发现的逻辑》，科学出版社 1986 年版，第 13 页。
⑤ 参见波普尔《科学发现的逻辑》，科学出版社 1986 年版，第 53 页。

辨别方法或方法论规则，以此来区分科学的和非科学的行为（即科学所不允许的行为）。具体说来，是科学和非科学对待经验检验的行为。其实，波普尔的划界标准，即可证伪性加辨别方法不仅是区分一种"行为"是否具有"科学的"性质的问题，而且也是区分某种理论是否具有科学性的问题。他的辨别方法中同样包含逻辑上可判定的成分，如某些特设性假设造成逻辑上的循环论证，就是逻辑上可判定的。

　　虽然在这方面，波普尔的观念已经是不肤浅的，他给科学家们以很大的启示。波普尔指出，从逻辑上考虑，想要对一个理论进行证伪也是不可能的。他说："人们可能这样说：即使承认不对称性，由于各种理由，任何理论系统最终地被证伪，仍然是不可能的。例如，特设性地引入辅助假说，对一个定义特设性地加以修改，甚至有可能采取简单地拒绝承认任何起证伪作用的经验的态度，而并不产生矛盾。无可否认，科学家通常并不这样做。但是，从逻辑上说这样做是可能的。人们会说，这个事实就使得我提出的划界标准的逻辑价值，变得至少是可疑的。"波普尔承认："提出这些批评是正当的。"[①] 由于以上原因，波普尔明白地承认，他的"可证伪性标准"还不能直接应用到一个陈述系统上去。因为"假如我们仅仅以科学陈述的形式和逻辑的结构作为经验科学的特征的话，我们就将不能从经验科学中排除那种流行的形而上学"[②]，而这种形而上学往往还能为自己挂出"无可辩驳的真理"，甚至"最高科学成就"的招牌。因为如果仅仅按照可证伪性要求，就会出现一种难堪的局面，似乎科学和形而上学在性质上并无区别。但是，波普尔仍然强调："我不需要因此撤回我那种采取可证伪性作为划界标准的建议。"[③]

　　为解决这个问题，波普尔根据科学活动的实际，进行认识论的研究，提出了一个禁令，作为区分科学的行为与非科学的（因而是科学活动所不允许的）行为的辨别方法，或者说是一种"方法论规

---

① 波普尔：《科学发现的逻辑》，科学出版社1986年版，第16页。
② 同上书，第24页。
③ 同上书，第16页。

则"。他所设的禁令就是：用特设性修正的方式来挽救一个面临经验证伪的科学理论以使其免遭证伪，这种做法是要不得的，是科学所不允许的。所以，他所设定的一个禁令或方法论规则就是：特设性修正是不允许的。他并对特设性修正的含义做了限定和说明。他的总原则就是：进行修正以后的假说和理论必须增加它的可证伪性或可检验度。而任何特设性修正的基本性质总是并不增加，甚至减少了假说或理论的可证伪度，从而减少了它的信息丰度。所以，对于这条方法论规则，波普尔陈述说："只有那些引进以后并不减少、反而增加该系统的可证伪度或可检验度的辅助假说才是可接受的。"① 波普尔的证伪主义观念以及相应地禁止"特设性修正"的禁令，给科学家们以巨大的启发，受到科学界的高度重视。

后来，拉卡托斯在他的《科学研究纲领方法论》中，进一步拓展了"特设性修正"的范围，进一步拓展了"禁令"。而波普尔的另一个学生沃特金斯又从另一个方面进一步拓展和加深了方法论禁令的研究。

拉卡托斯在他的著名的"科学研究纲领方法论"中，以研究纲领的问题转换的进步或退化作为区分"科学"的或"伪科学"的标志。他强调，后继理论必须导致理论上进步的问题转换，才是"科学的"；否则，便称为"伪科学的"。而何谓研究纲领的进步的问题转换呢？拉卡托斯认为：研究纲领由一系列相继的理论所组成。导致进步的问题转换的纲领就是进步的研究纲领，而导致退步的问题转换的纲领就是退化的研究纲领。所以，进步的研究纲领就是导致进步的问题转换的纲领。

进步的问题转换 = 理论上进步的问题转换 + 经验上进步的问题转换

拉卡托斯说："让我们以一系列理论 T_1、T_2、T_3……为例，每一个后面的理论都是为了适应某个反常、对前面的理论附以辅助条件（或对前面的理论重新作语义的解释）而产生的。每一个理论的内容

---

① 波普尔：《科学发现的逻辑》，科学出版社 1986 年版，第 53 页。

都至少同其先行理论的未被反驳的内容一样多。如果每一个新理论与其先行理论相比，有着超余的经验内容，也就是说，如果它预见了某个新颖的、至今未曾料到事实，那就让我们把这个理论系列说成是理论上进步的（或'构成了理论上进步的问题转换'）。如果这一超余的经验内容中有一些还得到了证认，也就是说，如果每一个新理论都引导我们真的发现了某个新事实，那就让我们再把这个理论上进步的理论系列说成是经验上进步的（或'构成了经验上进步的问题转换'）。最后，如果一个问题转换在理论上和经验上都是进步的，我们便称它（问题转换）为进步的；否则，便称它为退化的。只有当问题转换至少在理论上是进步的，我们才'接受'它们为'科学的'；否则，我们便作为'伪科学'而拒斥它们。"①

拉卡托斯对于"证伪"也给出了新的观念（劳丹追随其后）。拉卡托斯说："我们以问题转换的进步程度，以理论系列引导我们分析新颖事实的程度来衡量进步。如果理论系列中的一个理论被另一个具有更高证认内容的理论所取代，我们便认为它'被证伪了'。"② 所以拉卡托斯虽然也强调"证伪"概念，但他所说的"证伪"已经不是波普尔意义下的经验证伪，而是被更好的别的理论所"证伪"。所以拉卡托斯强调，任何理论"在一个更好的理论出现以前是不会有证伪的"③。拉卡托斯也强调"特设性修正"是不允许的。他在波普尔的基础上，还进而区分了三种特设性修正，或曰三种"特设性辅助假说"④。他很自信地对自己的理论做出了积极的评价，他说："我给出了一个纲领内的进步和停滞的标准，并且给出了'淘汰'整个纲领的规则。只要一个研究纲领的理论增长预见了它的经验增长，也就是说，只要它继续不断地相当成功地预测新颖的事实（进步的问题转换），就可以说它是进步的；如果它的理论增长落后于经验增长，即它只能对偶然的发现，或竞争的纲领所预见和发现的事实进行事后

---

① 拉卡托斯：《科学研究纲领方法论》，上海译文出版社 1986 年版，第 47 页。
② 同上书，第 48 页。
③ 同上书，第 49 页。
④ 同上书，第 155 页。

的说明（退化的问题转换），这个纲领就是停滞的。如果一个研究纲领比其对手进步地说明了更多的东西，它就（胜过）了其对手，也就可以淘汰这个对手。"但实际上，国际学术界对拉卡托斯的这个理论的评价远没有他自己的评价那么高（详细分析请见本丛书《论科学中观察与理论的关系》）。拉卡托斯所说的三种特设性辅助假说也是与他的以上理论密切相关的。他说："我区分了三种类型的特设性辅助假说：①与自己的先行假说相比没有超余经验内容的假说（'特设 1'）；②虽有这种超余的内容，却一点未被认证的假说（'特设 2'）；③最后，在上述意义上不是特设的，但没有构成正面启发法的一个组成部分的假说（'特设 3'）。"拉卡托斯还列举了科学史上的实例来说明他所说的三种特设性辅助假说。但真正审度起来，他的这些说法还是过于简单化了的。因为所谓的"超余经验内容"是很难像他所说的那样做简单比较的。

第二节　证伪的依据

波普尔明确提出应当以"基础陈述"作为"证伪的依据"。

波普尔既然提出了以"可证伪性标准"作为科学与形而上学的划界标准，那么，人们势必要追问：在波普尔的意义下，以什么作为证伪的依据呢？波普尔强调经验证伪，他的作为经验证伪的依据是什么呢？因而在波普尔的理论中，不可回避地要讨论作为"证伪的依据"的问题。在这个问题上，波普尔做出了相当深入的思考。

当然，逻辑实证论和波普尔都同意：科学必须有经验内容，而形而上学却没有经验内容。所以两者都同意，理论要依据经验来检验并依据经验来划界（可证实或可证伪）。但是，"理论要依据经验来检验"，这只是一个十分粗浅和笼统的说法，这涉及经验层次的结构问题。一般地说来，通常被称为"经验"的东西可分为两个大类（或两个主要层次）：一类是感知，其中又包括感觉、知觉、表象，它们都是非语言的；另一类是观察陈述。通常认为，人的感觉、知觉、表象是人的大脑和神经器官对外部世界的直接映象，而观察陈述则是人通过语言的形式对所感知的外部世界的直接描述。由此当然要引发我们的经验对外部世界的"映象"的真假问题。由于这个问题的复杂性，我们将把这个问题放到本丛书《关于实在论的困惑与思考》中去讨论。至于研究经验层次内部结构中的感觉、知觉、表象的相互关系，这主要是心理学的内容。科学哲学特别关心的是"观察陈述"。

关于观察陈述，实际上也存在着许多与感知形式相关联的不同的层次。例如，下列陈述：①"我（现在）看到前方一片红色。"②"我看见眼前这张桌子上的玻璃杯里装着水。"③"现在电流计上的读数是 10 安培。"④"现在这条电路上的过流强度是 10 安培。"

以上这些陈述与我们实际的感觉、知觉的关系是很不相同的。其中，①只是描述了我（张三）当下所感知的单一的经验，即一种感觉；②是描述了我当下的一种完整的知觉，其中包含了许许多多的感觉要素，并且实际上已经包含了推论，因为当下我观察到的只能是桌子上的玻璃杯里装着无色透明的液体，而我却推论说玻璃杯里装的是水；③是说我观察到眼前的电流计上的读数是 10 安培，还马虎可以说是我用语言描述了我的感知；而④则是强调现在这条电路上的过流强度是 10 安培。但显然，我任何时候都不可能看到电路上的"过流强度"。当我说"这条电路上的过流强度是 10 安培"时，显然意味着电流计能反映真实的情况，而这又意味着我相信作为科学仪器的电流计背后的一大堆理论和假说（不会有差错），这与我的实际观察完全是两回事。所以，关于作为"证实"与"证伪"之依据的应当是什么，是一个必须深入思考的问题。前面我们已经讨论过逻辑实证主义的思考，下面我们讨论波普尔对这个问题的思考。波普尔的这些思考是针对早期逻辑实证主义的基本观念的，他的批评与思考对逻辑实证主义者改变他们的观念起到了非常重要的作用。

波普尔根据 J. F. Freis 的著作而指出，经验基础问题使思想家们陷入了"三难推理"：①不加批判地接受经验陈述（所谓"予件"），则导致教条主义。②要求对于经验陈述给予"证明"，但显然，"陈述只能为陈述所证明"，所以这必将导致无穷后退。③相信经验陈述能被我们的知觉经验所证明，但这最终是依靠观察者的私人经验的基础上的"确信感"。例如，我宣称"我当下见到了鬼，千真万确，无可怀疑"，等等。试图依靠观察者的"确信感"，一般或强或弱的心理感受来支持，甚至"证明"一个观察陈述，这实际上导致所谓的心理主义。

波普尔指出，逻辑实证主义表面上反对心理主义，但是实际上，当它们把记录语句当作"予件"，当作"感觉资料"的时候，它们实际上导致了心理主义，而且还是教条主义的。

与逻辑实证主义者不同，波普尔没有简单地把知觉经验仅仅看作一种"予件"（他要求排除心理主义）。一方面，他指出："知觉经验常被认为为基础陈述提供一种证明"，这虽然是一种"完全正确的倾向"，但它在理论上却非常模糊。实际上，"在知觉与陈述之间的联系依然不清楚。并且这种联系被同样模糊的说法所描述"①。他不同意"观察中性"的论点。另一方面，他要求"哲学问题应当根植于科学之中"。所以他所提出的作为科学理论之"证伪的依据"的所谓"基础陈述"也要求与科学的实际活动比较一致。

他所提出的作为证伪之依据的"基础陈述"具有如下特点：

（1）基础陈述是一种单称的观察陈述，即它是单称的并且用以描述可观察的对象或性质的陈述。

波普尔曾经这样下定义："基础陈述——在质料的言语方式中——就是断言在空间和时间的一定个别区域里一个可观察事件正在发生的陈述。"② 不过得注意，他所说的基础陈述并不限于对实际上已经发生或正在发生的事件的陈述，而是还包括逻辑上可能的任何单称可观察事件的陈述。例如，以 $s = \frac{1}{2}gt^2$ 或"凡金属都受热膨胀"这两个命题为例，虽然它们实际上尚未被证伪，但在波普尔看来，它们还是"可证伪的"，因为它们在逻辑上可被一个或一组可能的观察陈述所证伪。例如，如果有一个物体自由下落，如果它不是按等加速度下落，而是按匀速下落，或者如果有一种金属它受热后不膨胀体

---

① 波普尔：《科学发现的逻辑》，科学出版社 1986 年版，第 18 页。
② 同上书，第 75 页。

积，反而缩小体积，那么它们就将证伪上述两个命题。虽然我们迄今为止没有观察到这些事实，但它们在逻辑上是可能的。如果我们一旦观察到这样的事实，那么我们关于这些事实的陈述就能证伪前述命题。我们一定要准确理解波普尔所说的基础陈述的含义。波普尔正是依据它们来判定一种理论是否具有可证伪性，并以此来区分科学和形而上学。他曾经明确地指出："必须记住，当我讲到'基础陈述'时，我并不是指已接受的陈述系统。毋宁说我使用基础陈述系统这一术语时，它包括具有一定逻辑形式的所有自相一致的单称陈述——可以说就是关于事实的所有可以设想的单称陈述。"① 他认为对于任意一个理论来说，有关的基础陈述可以分为两类。所有那些和这个理论不一致的（或为这个理论所排除的，或禁止的）基础陈述构成一个类，我们称这个类为这个理论的潜在证伪者类；而所有那些和这个理论不相矛盾（和理论"允许"的）基础陈述就组成另一个类，它们支持了理论，而不是证伪了理论②。所以，如果我们以 S_B 代表基础陈述（S_B = 逻辑上可能的任何单称可观察事件的陈述），以 P 代表理论的可认证预言，则 P，$\overline{P} \in S_B$。以 S_B（T）表示与理论 T 相关的基础陈述，则 S_B（T）可分为两类：一类是 T 的潜在证伪者类，另一类是 T 的支持者类。

以上就是波普尔的"基础陈述"的第一个特点——所有的包括可以设想的逻辑上可能的单称观察陈述。他还讨论了这类基础陈述在逻辑上的形式特征。

（2）强调基础陈述的真理性是不确定的。

波普尔要排除心理主义，即以主观的、某个主体对感觉印象的确信感来作为基础陈述的可靠性的根据。他指出：对于单称陈述，人们很少对它们的经验性质产生怀疑，但是，的确会发生观察的错误并且因而产生假的单称观察陈述。所以，他强调了观察和相应的观察陈述的可错性。

（3）他强调，作为科学中可接受的并用以检验理论的"基础陈

---

① 波普尔：《科学发现的逻辑》，科学出版社 1986 年版，第 55 页。

② 参见波普尔《科学发现的逻辑》，科学出版社 1986 年版，第 57 页。

述"，必须具有客观性。

值得注意的是，波普尔没有对"客观性"一词作形而上学的解释，如把观察陈述的客观性定义为与被观察对象的一致性，因为这样的"客观性"是不可检验的。波普尔把"客观性"定义为：主体间的可相互检验性。他说："科学陈述的客观性就在于它们能被主体间相互检验。"① 要能被主体间相互检验，它的必备的条件是它所描述的事件具有可重复性。所以，他强调科学中可接受的实验结果必须是可重复的。波普尔强调可重复性是"客观性"的必要条件。② 他说：科学上有意义的物理效应可以定义为："任何人按照规定的方法进行适当的实验都可能有规则地重复的效应。"③ 反过来，他也强调："主观经验或确信感绝不能证明科学陈述……它在科学中不可能起什么作用。"④ 他进一步说："我完全可以深信一个陈述的真理性，确信我的知觉提供了证据，（对于它）具有一种极强烈的经验，任何怀疑对我来说都是荒谬的。但是，这是否能为科学提供丝毫理由来接受我的陈述呢？能否因为 K. R. P 完全确信它的真理性就证明任何陈述呢？回答是'不'！任何其他的回答都是和科学的客观性不相容的。"⑤ 对于"客观性是主体间的可检验性"，后来，波普尔又把客观性的定义修改为"主体间可一致性"。

（4）强调"观察浸透着理论"。

波普尔说："我们的观察经验绝不能不受检验，它们浸透着理论。"⑥ 他的这个观点后来被汉森在《发现的模式》（1958）一书中所发挥。

由于波普尔强调观察浸透着理论，于是就产生一个问题。因为既然观察浸透着理论，因而观察是可错的。然而波普尔又要求科学中用以检验理论的可接受的"基础陈述"必须具有客观性，因此对于任

---

① 波普尔：《科学发现的逻辑》，科学出版社 1986 年版，第 18～19 页。
② 参见波普尔《科学发现的逻辑》，科学出版社 1986 年版，第 19 页。
③ 波普尔：《科学发现的逻辑》，科学出版社 1986 年版，第 20 页。
④ 同上。
⑤ 同上。
⑥ 同上书，第 83 页。

何作为基础陈述的观察陈述必须进行检验。但是，这种进一步的检验又是依赖于理论的。这样就会形成一种无穷的倒退。波普尔曾经举过一些较能说明问题的例子。笔者在 1986 年出版的《科学研究方法概论》一书中曾举过一个通俗而更能说明问题的例子。观察浸透着理论，检验观察陈述的客观性进一步依赖于理论。

举例来说，假定我手中拿着一件匙形餐具，我观察它，根据它的重量和光泽以及我对铝制品的知识和经验，判定它是一只铝调羹。但是，这种判定一方面是依据于最初步的理论（经验知识），另一方面，这种判定显然带有直觉的因素。因为有什么理由排除它不是仅仅只是在表面特性上类似于铝的其他金属或合金制成的呢？为了进一步判定它确实是铝制的调羹，于是我锤打它，因为我知道铝具有较大的延展性；进一步，我来测定它的比重，因为我知道铝的比重是 2.7；然而我测量的结果表明它的比重不是 2.7，而是稍大于 2.7；它的延展性也不如教科书中所说的那么大，而是比较脆。这时我仍然认定它是铝制的调羹，只是稍稍改变了说法：认为它是某种铝合金制成的，但它的主要成分还是铝。但是你怎么能排除别的合金也可能具有这样的比重和延展性呢？为了进一步确定它是铝制的，于是我就对它作进一步的实验鉴定。因为我知道铝既能与酸又能与碱起化学反应而生成盐。例如：

$$2Al + 3H_2SO_4 = Al_2(SO_4)_3 + 3H_2 \uparrow$$

$$2Al + 2NaOH + 2H_2O = 2NaAlO_2 + 3H_2 \uparrow$$

于是我就制备一定的硫酸（H_2SO_4）和氢氧化钠（$NaOH$）来与它进行化学反应，看看反应的结果是否生成了硫酸铝 $[Al_2(SO_4)_3]$ 和氢（H_2），或者偏铝酸钠（$NaAlO_2$）和氢（H_2）。然而，我们在这两个实验中又如何判定所生成的新物质正好是 $[Al_2(SO_4)_3]$ 和 $NaAlO_2$ 以及 H_2 呢？如果我们想避免由直觉引起的错误，我们也许应当继续设计新的化学实验来对它作出鉴定。然而这个过程已经表明，我们愈是想对观察事实做出"客观"的判定和检验，就愈是在更深的程度上依赖于理论。而且除非我们把这种检验的链条无限制的继续下去，那么对于事实的判定，始终不可能排除直觉的作用，而理论和直觉都是易谬的。所以这个过程正好表明：要确保观察的客观性，没有绝对可靠的办法。在科学中，我们只能把检验的链条进行到一定的程度时就停止下来。

以上的事实说明，为了达到波普尔所说的"基础陈述"的客观性，就势必会导致无穷的倒退。那么，波普尔又是如何来摆脱"无穷倒退"的困境的呢？

（5）科学中接受某一个"基础陈述"是根据"约定"。

这"约定"是什么意思呢？他的意思是：科学中接受一个"基础陈述"要求它具有客观性，即具有主体间可相互检验的性质，但实际上这个检验过程的背后是科学家共同接受的理论假定，然而，这些理论假定也必须接受检验，因此会导致无穷倒退。但是，在实际的科学活动中并不会导致无穷的倒退，而是科学界通过一定深度的检验就认为"满意了"，因此，就通过"约定"而达到意见一致，认为检验可以到此结束，共同接受这个基础陈述。如果有人认为不满意，还可以往下检验，直到大家一致满意为止（根据默契或约定）。这种被接受的基础陈述具有主体间可相互检验性（主体间的可一致性），因而就是在这种意义下的"客观"的了。这就表明了波普尔思考问题的深度。（但是关于"客观性"的含义，当他后来转向了较刚性的实在论的立场后，就给他的理论造成了问题）。

我们在这里所介绍的是波普尔的名著《科学发现的逻辑》一书中的观点。在书中他强调，作为理论之证伪的依据的是"基础陈述"，而这种科学中可接受的基础陈述必须具有"客观性"。在那里，他的"客观性"概念还没有与世界一致的意思。所以，在该书中，他关于科学的经验基础有一段绝妙的论述："因此，客观科学的经验基础本身，并不是'绝对的'。科学并不建立在坚固的岩床上。可以说，大胆的科学理论结构是建立在木桩上的建筑物。那些木桩由上而下地打在沼泽里，但是并没有达到任何天然的或'确实'的基础；如果我们不再把这些木桩打得更深一些，并不是因为我们已经达到了坚实的沼泽底。我们停下手来，仅仅因为我们由于这些桩子已经牢靠得足以承受，至少是暂时地足以承受那个结构而感到满意。"①

可以看到，波普尔从"划界问题"出发，或者围绕着"划界问题"所做出的思考是比较深入的而且是比较切近科学实际的。他很熟悉科学家们的哲学著作、关心科学中实际发生的问题以及科学家们的哲学思考。所以，他所提出的问题和他的解决方式都能对科学家有强烈的启发作用。所以，当他以"划界问题"为主线而系统地公布他的证伪主义理论的著作《科学发现的逻辑》出版以后，不但在科学哲学界引起轰动，而且在科学界也受到广泛的重视和欢迎。许多著名的科学家、诺贝尔奖奖金获得者，如艾克尔斯、梅多沃、费曼、莫诺、卡索尔·布克等都曾经高度评价过波普尔的哲学理论，认为波普尔的哲学理论对他们的帮助很大。波普尔到美国普林斯顿演讲，包括爱因斯坦、玻尔、薛定格在内的许多科学家都亲自到场倾听他的讲演。一个哲学家，能够如此地受到科学家的重视，实在是不多见的。在哲学方面，可以说，逻辑实证主义，正是由于波普尔的理论以及对它的批判，才使它陷入困境并逐渐受到愈来愈多的指责的。

由上可见，逻辑实证主义和波普尔都对科学理论的检验提出了较深入的见解或理论，尤其是波普尔。这些理论都产生于20世纪二三十年代及其以后。但是，在我国，由于庸俗哲学的统治，却始终把逻辑实证主义哲学和波普尔哲学视为"资产阶级的反动哲学"，甚至不让这些哲学介绍到中国来。他们自己在20世纪70年代末还在高唱"实践是检验真理的唯一标准"这种庸俗哲学，还为自己打出了"马克思主义"的招牌。但是，"实践"是什么？他们强调实践是感性活动。然而这种感性活动究竟是语言的还是非语言的？语言和他们所说的"感性活动"关系如何？它们怎么来检验理论？等等。我们的庸俗哲学家们对这些问题曾经有过任何真正深入的思考吗？更可恶的是，他们把那些有价值的，并且在国际上有一定影响的哲学都打成"资产阶级的反动哲学"，实行信息封锁。这是真正地阻挡历史的进步，并且是造成我国"哲学的贫困"的最主要的原因。

---

① 波普尔:《科学发现的逻辑》，科学出版社1986年版，第82～83页。

回过头来，我们继续讨论波普尔。特别是，尽管如前所述，波普尔对划界问题做出了深入的思考，但深究起来，他的划界理论也还面临着许多难以解决的困难。

第三节　波普尔划界理论面临的困难

波普尔的划界理论同样面临着许多困难。当然，应当承认，它所面临的困难比逻辑实证主义所面临的困难"隐性"得多，也"小"得多。下面，我们只简要地指出波普尔划界标准在理论上面临的困难。

（1）全称存在命题在性质上是不可证伪的。但有些全称存在命题存在于科学之中，并不能归结为形而上学"命题"。

例如，"小儿麻痹症是由某种病毒引起的"、"对于每一种络合物都存在一种溶剂"等这样的陈述，它们都具有这样的形式：$\forall x \exists y$（$Ax \land By \rightarrow Gxy$）。但从逻辑上说，凡是这样的语句都是不可证伪的。此外，还有许多类似的命题，例如，"在宇宙间的其他星球上存在有机生命"，等等，也都具有这种性质。这种语句，科学家们都公认在科学上是有意义的，是能引导科学家探索的。但在波普尔的划界标准之下，却被判定为形而上学语句。

（2）概率规律如何证伪？

波普尔要求一个科学理论必须在逻辑结构上表明能够为基础陈述所证伪。但是，实际上，概率规律不能在逻辑意义上被基础陈述所证伪（关于此问题的详细论述和讨论，请参见本丛书《论科学中观察与理论的关系》）。关于这个问题波普尔是看到了的，所以他在《科学发现的逻辑》一书中花了整整一章的篇幅来对它作深入讨论。这个问题最终在经验基础上的解决，不是从逻辑上，而是必须引进某种"约定"。这种"约定"，不是关于接受"基础陈述"的约定，而是基础陈述对于概率规律的"证伪的逻辑关系"上的约定。接受"基础陈述"是一种"约定"，这是波普尔所主张的。但在基础陈述与理论的证伪关系上，波普尔一再强调，这是一种逻辑关系。依据的是

"否定后件的假言推理"。然而，在接受概率性规律的问题上，他却不得不承认这实际上还得依据于"约定"。波普尔在理论观点上，自己曾经明确表态，赞成实在论，反对约定主义。这就难免造成矛盾。

（3）他的划界标准不充分，面临反例。

波普尔以"可证伪性"作为科学与形而上学的划界标准，但是从逻辑上说，任何科学理论都是可以逃避证伪的，所以他又附加了一条补充的方法论规定："特设性修正是不允许的"，并以此来作为证伪主义的划界标准的补充。以为只要有了这条禁令，科学理论就将满足"可证伪性标准"。但是看来这仍然是非常不充分的。就总体而言，波普尔在其理论中是过于强调了"可证伪性"的刚性原则了。他曾反复强调，在科学中，逃避证伪的方法是要不得的。而他的方法论"正是要排除逃避证伪的方法"。他反复强调，科学检验的"目的不是去拯救那站不住脚的理论体系的生命而是相反，将所有的理论暴露于最猛烈的生存竞争之中，用比较来选择其中的最适应者"。他自认为他的这个方法论准则十分符合科学发展的实际，因而他强调："无可否认，科学家通常并不这样做（指逃避证伪——作者注）。"基于此，他十分强调"理论一旦被证伪就应当抛弃"。但实际情况表明，波普尔的这些观点，既经不起逻辑的审度，又经不起与科学史的比较和检验，也经不起当代科学发展中实际情况的检验。实际上，在科学中，当科学家面对被观测事实"证伪"的理论时，他们往往要做出周到的比较，然后做出选择，而并不如波普尔所说的那样"理论一旦被证伪就应当抛弃"。对于"逃避证伪"，也不如波普尔所说的，"科学家并不那样做"，而是也往往那样做。狄拉克1979年在爱因斯坦诞辰100周年纪念会上的演讲是个很典型的例子。

1979年2月，狄拉克在美国普林斯顿纪念爱因斯坦诞辰100周年的大会上作了一次著名的讲演，其题目是《我们为什么信仰爱因斯坦理论》。这是狄拉克生前所做的最后一次公开讲演。他在讲演中指出：在经典物理学的观念中，始终假定有一种绝对静止的参照系存在，即使在迈克尔逊－莫雷实验以后也是如此。洛伦兹和菲茨杰拉德就是以此为基础，通过钢杆收缩的奇妙假定（洛伦兹变换）来调和经典理论与迈克尔逊－莫雷实验的矛盾。然而，爱因斯坦却革命性地改变了物理学中的旧观念，否定了存在绝对静止参照系的可能性。但是，现代宇宙微波背景辐射的发现，却使爱因斯坦的狭义相对论面临着被"证伪"的局面。因为现代仪器观测到这种微波背景辐射不是来自太阳，不是来自银河系，而是来自宇宙空间的一切方向。今天的人们把这种辐射的根源解释为我们这个宇宙创生时的一次大爆炸留下的残迹。然而，由于这种辐射对于一个适当的观测者来说，正是从一切方向同等地来到，所以如果选择另一个相对于第一个观测者运动的观测者，他将看到这种辐射在他前进的方向上来得强一些，而从他背后来的则没有那么强。因此它仅对于一个观测者来说才会是对称的。这样就有一个优惠的观测者，对他来说，微波辐射是对称的。可以说，这个优惠的观测者在某种绝对的意义上是静止的，也许他对于以太是静止的。这恰恰与爱因斯坦的观点相矛盾。因此，狄拉克在他的报告中指出："在某一种意义上，洛伦兹是正确的而爱因斯坦是错误的，因为爱因斯坦可能说过的一切，就是，以当时的物理学不可能显示出速度上的绝对零。但是要说永远也不可能显示出绝对零速度就有点走得太远了。用我们今天的更为先进的技术，速度上的绝对零已经显示出来了。这涉及天然的微波辐射。"然而，狄拉克虽然明确到这一点，但他却仍然强调"我们""相信狭义相对论"，并采取了明显的置"反例"于不顾的态度。他辩解说："你们会说，由于微波辐射表明爱因斯坦曾是错的，那就会摧毁相对论。但是，这并没有损害爱因斯坦工作的重要性。……我要说，我们为什么相信狭义相对论呢？理由是因为显示出这些在数学上是美的洛伦兹变换的重要意义……它支配了原子理论，并且，其中显示出有特定零速度的那些例子涉及宇宙学问题，在原子理论的发展中是不应该考虑这些问题的。"在讨论到广义相对论的问题时，他甚至把这种对付"反例"的态度更加明确地表现出来。他指出，尽管迄今已有的有限的观测证据都支持广义相对论，但"我们仍然会面临这样一个问题：假若一旦发生了不一致，我们对它该又如何反应？爱因斯坦本人又会对它如何反应？"他说："我不认为人们应该说爱因斯坦理论的整个基础将会被摧毁，即使这种不一致得到充分核实，它也不会被摧毁。人们倒不如如此地解释它，说有某种新的效应还没有得到适当的说明。我们的理论在任何时候都应当看作是处于一种暂时状态的，它总是可以改进的。假若显示出不一致，这种不一致不应当看成是这个理论的致命伤，而只不过表明还有进一步的工作要做。它将激励人们来探索更进一层的种种变革，能够用来说明这种不一致性。"狄拉克是20世纪最权威的科学家之一。这位权威科学家的这段绝妙的讲演，充分反映了在科学理论的发展中，科学理论具有巨大的韧性，它可以暂时置反例于不顾而继续发展自身；"反例"并不具有立即淘汰理论的力量。在这方面，在一定程度上，倒是拉卡托斯的科学研究纲领方法论比较符合实际，虽然他在与此相关的某些方面又严重地走过了头。关于这方面内容，我们将在本丛书《论科学中观察与理论的关系》中再做较详细和深入的讨论。

（4）波普尔的"证伪主义"的划界标准与他的"实在论"立场难以一致。

在关于科学理论观的问题上，波普尔承认彭加勒等人的约定主义科学观是逻辑上严谨的和内在一致的。他承认说："我认为约定主义是一种独立完整的可以加以辩护的系统。想从其中发现矛盾大概不能得到成功。"但是，他最终认为他不能同意约定主义，因为约定主义把科学理论和自然定律看作思维创造的一种逻辑构造，以便用它来说明和预言现象，常常带有工具主义的倾向。他不能同意工具主义的倾向，他反对工具主义有着较强烈的倾向。他也反对逻辑实证主义，在他看来，逻辑实证主义也导致工具主义。但他认为，逻辑实证主义的基础大成问题，经不起逻辑上的推敲。他对约定主义的评价较高，但因为约定主义同样要导致工具主义，所以他也要坚决反对约定论。波普尔强调实在论，但波普尔的实在论立场与他的证伪主义立场其实是并不那么一致的。实在论的核心观念是强调"成熟科学的理论术语有所指称"，强调"符合论"意义上的"客观真理"。但是，他的证伪主义强调科学理论是不可能被证实的。既然如此，他如何能够合理地论证他的符合论意义上的"客观真理"呢？

进一步说，他为坚持实在论而反对约定主义。但实际上，他反对约定主义也不能坚持到底。他曾经明确地反对约定主义，但是他自己最后却被迫地退却到承认：①方法论的"约定"。他承认他的"划界标准"只是"对一种协议和约定的建议"，并承认对科学的"目标"不可能作合理性的讨论。所以，在他的意义下，方法论也只是在约定的基础上的讨论。②他承认科学中接受"基础陈述"也是通过"约定"。因为要不然就会陷入"无穷倒退"。这样，他在科学理论的两端——其上方是方法论，其下方是"基础陈述"，都不得不引进"约定"。③他也不得不承认，对科学理论内部的概率规律的接受，也是要基于"约定"。这样一来，他的反对约定主义的态度及其"实在论"立场的基础就显得十分薄弱了。

（5）波普尔虽然反对心理主义，但他并没有摆脱心理主义的羁绊。

我们曾经讲到，他看到了接受"基础陈述"存在着一个检验的链条。当我们检验到一定程度时，科学家们就会感到"满意"了，就不再往下检验。不然，就会导致"无穷倒退"。但是，当他以科学家们的公共"满意"为条件而通过"约定"来接受"基础陈述"时，他并没有排除心理主义。因为"满意"或"不满意"显然是人的心理问题。他也承认这一点，即承认他并未完全摆脱心理主义。但他认为，他的这种未能摆脱的状态，比起未加批判的心理主义来是要好得多了。

第四章　划界问题之我见

第一节　划界问题不可消逝

从 20 世纪五六十年代开始，某些哲学家努力想模糊科学与形而上学（甚至神学）的界限。甚至像蒯因这样的分析哲学家也参与进来力图模糊科学与形而上学的界限。在他的著名的论文《经验主义的两个教条》中，他从整体主义的前提出发，模糊科学的可检验性特点，竟然认为："就认识论的立足点而言，物理对象和诸神只是程度上而非种类上的不同。这两种东西只是作为文化设定物（cultural posits）进入我们的概念的，物理对象的神话所以在认识论上优于大多数其他的神话，原因就在于：它作为把一个易处理的结构嵌入经验之流的手段，已证明是比其他神话更有效的"① 罢了。至于历史主义学派的哲学家中，则有相当多的人企图混淆科学与形而上学的界限。费亚阿本德强调科学与神学、巫术并无实质性的区别。连新历史主义的代表人物劳丹也想模糊这条界限。劳丹写过一篇著名的论文，其题目就是《划界问题的消逝》。

但"划界问题"是不可能消逝的。因为甚至连费亚阿本德和劳丹也在不断地提到"科学"与"形而上学"这两个不同的词，并且实际上把两者看作不同的东西。既然是不同的东西，它们之间就有界限，即使这条界限不是一条清晰的线，也会存在一条具有过渡区域的带。我们今天区分不出这条带或界限，并不等于不存在这样的界限或"带"。

---

① 蒯因：《经验主义的两个教条》，见洪谦主编《逻辑经验主义》（下），商务印书馆1984 年版，第 673～697 页。

所以，尽管进入 20 世纪下半叶以后，有许多哲学家企图模糊科学与形而上学的界限，但还是有许多科学哲学家致力于要划清科学与形而上学的界限。找不到单一指标的界限，就试图找到多元指标的界限。例如，著名的科学哲学家马里奥·邦格和萨伽德就分别提出过不同的多元主义划界理论。萨伽德所提出的多元划界标准可简要地以表 4–1 表示。

表 4–1　萨伽德的多元划界标准

科学	非科学
①使用相互关联的思维方式	①使用相似性或比拟的思维方式
②追求经验确证与否证	②忽视经验因素（不追求检验）
③研究者关心理论的竞争与评价	③研究者不关心竞争理论
④采用一致并简单的理论	④非简单的理论；许多特设性假说
⑤随时间进步	⑤在文本和应用中停滞不前、保守

但这些界限似乎仍然存在问题。例如，文学、艺术作为非科学的形式，说它们不关心竞争理论和保守似乎不妥，技术尤其如此。

第二节　科学与非科学的主要区别

我们通常所说的"科学理论"，与数学和逻辑理论以及形而上学理论，它们的命题的性质有着根本上的区别。一般说来，任何"理论"，都应当是一个有结构的命题系统，而不是许多互不相关的命题的杂乱堆积。严格说来，能够称得上理论的，还应当是一个演绎陈述的等级系统，它的各个命题或陈述之间有着某种特殊的演绎结构使之相关联。原则上，科学理论和数学理论、逻辑理论，甚至形而上学理论都能具有某种演绎的形式或结构。但是，由于它们的命题的性质不同，因而它们在是否接受经验检验方面，有着巨大的根本性质的差别。

数学和逻辑学的理论通常都具有公理系统的形式。我们先验地构建一个公理系统，只要求这些公理之间满足不矛盾性（即相容性）和独立性这两个要求，而并不关心这些公理是否是自然界的真实写照。然后，在这些公理和相关定义的基础上推演出次一级又次一级的定理，由此建立起一个演绎陈述的等级系统。所以，数学和逻辑中的命题都是分析命题，分析命题并不对自然界做出断言，因而不具有经验内容，不提供自然信息。原则上，数学和逻辑学理论都是一些重言系统，数学定理和逻辑定理都是一些重言式。一个数学或逻辑命题之所以是真的，仅仅是表明它与由之导出的那个公理系统相一致或符合，而并不对我们的经验世界做出陈述。原则上，它们适用于一切可能世界，仅仅因为我们的现实世界也是一种可能世界，所以它们对于我们研究现实世界是有用的。假定我们的现实世界是一个万有引力的世界，数学和逻辑对它们是有用的，但是，假定另有一个万有斥力的世界，无疑，数学和逻辑对它们同样是有用的。由于数学和逻辑的这种性质，因此，我们可以说，"三角形三内角之和是180°"是真的，但这仅仅是对于欧几里得几何是真的，因为它与欧几里得几何公理系统相一致；我们也可以说，"三角形三内角之和小于180°"是真的，但这仅仅是对于罗巴切夫斯基几何是真的，因为它与罗氏几何公理系统相一致；此外，我们还可以说"三角形三内角之和大于180°"是真的，但这仅仅是对于黎曼几何是真的，因为它与黎曼几何的公理系统相一致。数学和逻辑定理的真绝不依靠经验的检验；相反，经验的检验对于它们是无效的。我们绝不可能通过千百万次地测量三角形三内角之和的方法来证明"三角形三内角之和等于180°"这个欧氏几何的定理；相反，如果在我们的经验测量中表明，在我们所测定的某些"三角形"中其三内角之和不等于180°，我们也绝不可能依据它们来"证伪"该欧氏几何定理。在此情况下，我们毋宁指责说，你所测量的那些"三角形"并不是真正的标准的三角形，或者指责你的测量有误，或者指责你引进了纯数学以外的物理假定，等等。因为你所使用的测量器具都是物理器具，其中包含着太多太多的不可以用来检验数学理论的物理假定。

但是，科学理论或科学命题的检验与上述数学或逻辑命题的检验却有着原则上的不同。科学理论（自然科学理论、社会科学理论）或科学命题是要对现实世界做出陈述，因而具有经验的内容，就像我们前面所列举的伽利略落体定律和牛顿的万有引力定律那样。所以，科学理论或科学命题的真假，不能仅仅由逻辑分析来解决，而必须由经验来检验。一种科学理论，尽管可以构建为某种演绎陈述的等级系统，但是，科学中的任何命题并不能因为它与由之导出的公理（科学理论的基本定律）相一致而成为真的；相反，如果这个导出命题与经验不一致或相悖，就将不但危及这个导出命题本身，而且还将危及由之导出的那些前提。科学理论和科学命题的真假是要由经验来判决的。与科学理论不同，形而上学理论虽然表面上也像是要对现实世界做出陈述，因而形而上学"命题"也像是具有经验内容的综合命题，但实际上它既不是像数学或逻辑命题那样的重言式，可以通过意义分析而判定其真假，也不像科学命题（综合命题）那样可以接受经验的检验。原则上，形而上学命题都是一些无真假可言的（既不真，亦不假的）"伪命题"。它仅仅在表面上像是对世界做出了陈述，实际上它不具有经验内容，不曾告诉我们任何自然信息。作为形而上学的一个实例，我们可以拿所谓的"唯物辩证法"中的某些"命题"来分析，且以它的质量互变规律来分析吧。这个"规律"包含有三个基本概念：质、量、度。它断言说，任何事物的运动都取质变和量变两种形态，量变都有一定的度的范围；如果事物的量变没有越出度的范围，那么它就保持质的稳定；如果量变一旦越出了度的范围，那么它就将发生质变。表面看来，它很像是一个自然规律那样的包含有丰富经验内容的规律陈述，但实际上，这个所谓"像"，只不过是一个迷人的假象。它根本不告诉我们，什么样的物质在什么条件下它的度是怎样规定的。因此，它根本不能预言什么样的物质在什么样的条件下将发生质变。也就是说，它根本不能做出任何可检验的蕴涵以便我们能对它做出检验。反过来，当事后来对任何已知的事物的变化做出"马后炮"式的"解释"或"理解"，它却总是可以无须研究而应付自如，毫不费功夫的：如果事物尚未发生质变，它就可以"解释"说，那是因为它的量变尚未越出度的范围；如果事物已经发生了质变，它又可以"解释"说，那是因为它的量变已经越出了度的范围。因此，将不会有任何可能的经验会与它相悖。而对于事后作"马后炮"式的解释又有什么特点呢？那完全是特设性的或是逻辑循环式的。例如，它可以毫不费功夫地"解释"在标准大气压力之下，纯净的水在0℃结冰，到100℃沸腾。这种解释如下：因为水保持其液态的度的范围是0℃～100℃，所以一旦越出了这个范围它就发生质变了……但是，我们若反问一句："辩证法家先生，您怎么知道水保持其液态的度的范围是0℃～100℃呢？"对此，黑格尔式的辩证法家就会瞪大眼睛不屑一顾地回答说："根据事实呀！你瞧，大量的事实证明：水在0℃结冰并且到100℃沸腾，这就表明它的度的范围是0℃～100℃。"但是，明眼人一看便知，虽然他在这里"引用"了事实作论证，实际上却只是一个循环论证：他用水保持其液态的度的范围是0℃～100℃来解释水在0℃结冰和100℃沸腾的事实，然后又用水在0℃结冰和100℃沸腾的事实来解释水保持其液态的度的范围是0℃～100℃。但是逻辑告诉我们，这种循环论证等于什么都没有论证。它不告诉我们任何新的知识；这里的关于水结冰和沸腾的知识，完全只能通过别的途径得到。这种黑格尔式的所谓"解释"，只能给人以某种心理上的满足。对于这种所谓的"解释"，完全用得上19世纪贝齐里乌斯在谈到关于生理现象的"活力论"解释时说过的一句话："即使在得到了此类解释以后，我们也仍如以前一样无知。"实际上，列宁自己就说过：辩证法是不允许套公式的，它要求对具体问题作具体分析。然而，恰恰在这一点上，使得它与科学有着严格的区别。科学是允许套公式的，通过套公式而演绎出具体结论；尽管其结论是可错的，但却可由此来检验理论。黑格尔式的辩证法却不然，它不可能导出任何可检验的蕴涵，任何可检验的具体结论都不可能是真正从它导出的。因此，那些具体结论的错误也不可能危及任何那些作为前提的所谓"辩证法规律"。于是，黑格尔式的辩证法家就能够大胆地扬言，它是"放之四海而皆准的"，或它是"一万年以后也推不翻的"。因为实际上，它是根本上不接受经验检验的，而又不是像数学和逻辑定理那样的重言式。所以，像以辩证法那样的用"质、量、度"来解释水的结冰和沸腾，虽然它所"解释"的是一种物理现象，但这种对物理现象的"解释"方式，不可能被写入物理学教科书，因为它完全是一种伪解释。如果有谁硬要对这种解释冠以科学的旗号，那么它无疑就是一种伪科学。所以，像辩证法那样的诸如此类的形而上学，表面上像是提出了一种普遍真理，对什么都能解释，实际上它却什么也没有解释；表面上它像是一种深刻的智慧，提出了一种深刻的理论，实际上却是一种貌似深刻的肤浅的东西。但由于它能肤浅地"解释"万事万物，于是它对缺少科学知识的人往往具有表面上的诱惑力。

初看起来，形而上学解释、神学解释和科学解释在表面上可以具有相同的结构，所以常常可以迷惑人。试看：

形而上学解释，如：

L：质、量、度（辩证法的质量互变定律）。
C：水保持其液态的度的范围是0℃～100℃

所以，水在0℃结冰，100℃沸腾。

这个解释完全是合乎逻辑的。你只要承认它的前提，结论是必然的。神学家的解释也可以有同样的结构。试看神学家是如何解释大海起风浪的：

L：每当海神发怒的时候大海起风浪。
C：今天海神发怒了。

所以，今天大海起风浪。

这个解释同样是合乎逻辑的。只要承认它的前提，其结论也是必然的。

但是，这种形而上学的解释和神学家的解释都是不接受经验检验的。你问神学家："神学家先生，你怎么知道今天海神发怒了呀?"神学家会瞪大眼睛回答说："这还用问吗？今天大海正在起风浪，这就表明今天海神正在发怒!"他用海神正在发怒，来解释今天大海起风浪的事实；然后，他又用大海起风浪的事实，来解释海神正在发怒。这完全是一种循环解释。这种循环解释等于什么都没有解释。上面的辩证法解释也一样。它同样是一个恶劣的循环解释。这种解释使得它本身是自我封闭的，因而它虽然似乎是解释了我们的现实世界，但却可以根本不接受经验的检验。

科学解释与上述宗教神学解释或形而上学解释有着原则的不同。且看：

L：凡密度小于水的物体都浮于水。
C：这块木头的密度小于水。

所以，这块木头浮于水。

这个解释同样合乎逻辑，只要承认它的前提，其结论是必然的。但是，在这种解释中，其每一个前提都是可以另有证据地被独立检验的，不会造成循环论证。例如，对于"这块木头的密度小于水"，我们不需要用这块木头浮于水来"解释"它，我们可以独立于这个结论，另有证据地来检验它。例如，我们可以测量这块木头的体积，又称量它的重量，就可以求出它的密度，看它是否小于水，并且可通过检验这块木头是否浮于水来检验它的前提。

关于科学，可以有广义和狭义的理解。所谓狭义的科学，就是我们前面所指称的科学，它们是对现实世界作出了陈述的命题系统，包括自然科学和社会科学。在广义的理解之下，数学和逻辑学也被视作科学，被称为形式科学，而我们前面所指称的对现实世界做出了陈述的命题系统，包括自然科学和社会科学，由于它们包含有经验内容，所以被称为经验科学。但无论从广义或狭义的理解，科学都不同于形而上学。关于科学、数学和逻辑以及形而上学的区别，我们大致上可以用表4－2予以简要的说明。

表4－2　科学与形而上学的区别①

广义的科学		非　科　学	
形式科学	经验科学		宗教、艺术、戏剧、小说等其他非科学的形式
数学、逻辑学	狭义的科学（自然科学、社会科学等）	形而上学	
①分析命题（其真命题都是重言式）	①综合命题	①非分析的、非综合的	
②语句有真假之别，可赋予真值；语句的真假由语句间意义的逻辑分析来解决，其真命题只是与公理一致	②语句有真假之别，可赋予真值；语句的真假由经验来检验。命题的真就是其内容与经验一致	②形而上学"命题"是伪命题，它无所谓真假（既不真，亦不假）；它既不接受语句意义的逻辑分析，也不接受经验的检验	
③无经验内容，不提供自然信息	③有经验内容，提供自然信息	③无经验内容，不提供自然信息	
④有认知性	④有认知性	④无认知性	
⑤空废命题（永真的、重言的）	⑤命题	⑤伪赝命题（伪命题）	

由前述可知，科学与非科学的最主要的区别就在于以下几点：

---

　　①　这个表的原初形式源于我的朋友香港哲学家李天命博士于20世纪90年代在中山大学哲学系的一次讲演。我只对它作了稍稍修改和补充。在此对李博士表示感谢。

（1）可检验性。

可检验性是科学与形而上学以及其他非科学形式的最根本的区别。经验科学接受经验的检验，形式科学接受意义分析的检验。但是，任何形而上学、宗教、文学、艺术或诗歌都不接受这样的检验（表4-2）。

我们这里所说的"可检验"，是指可证实或者可证伪，即两者的析取。但是，这当然会引起一个非常严重的问题。正如我们在前面的讨论中引述波普尔的理论时所已经指出，逻辑实证主义强调以可证实性作为科学与非科学的划界标准，但这是不充分的。在这个标准之下，一方面会把某些非科学的东西，如占星术，纳入到科学的范围中来；另一方面，又会把科学理论本身逐出科学的范围之外，因为科学理论都是全称陈述，逻辑上是不可被证实的。但是，波普尔主张以可证伪性作为划界标准又如何呢？它同样是不充分的。一方面它会把科学中所允许的某些全称存在命题全部逐出科学之外，另一方面它还面临着概率规律如何被证伪的难题。现在我们主张科学的本质特点是它的可检验性，而"可检验"是指"可证实"与"可证伪"两者的析取，那岂不把划界标准搞得更加宽松、更不严密吗？抽象地说来，确实会是如此。这就需要我们对"可证实"与"可证伪"这两个概念作更严密的约束。

从逻辑上说来，全称存在命题是只可被证实而不可被证伪的，波普尔的证伪主义划界标准把所有的全称存在命题都驱逐出科学的范围显然是不妥的。所以需要用"可证实性"来予以补充，但问题在于，并非所有的全称存在命题都是科学所允许的。例如，"世界上存在着鬼"，像这样的全称存在命题显然是科学所不能容纳的。这里就需要对"可证实性"概念进行约束。我们曾经讨论了强可证实与弱可证实、直接可证实与间接可证实的条件。强可证实：当且仅当一个命题的真实性在经验中可以被确实证实时，这个命题才是强可证实的。弱可证实：一个命题，如果经验能使它成为或然地为真的，那么这一命题是弱可证实的。直接可证实：一个陈述是直接可证实的，如果它本身是一个观察陈述，或者它是这样的陈述，即它与一个或几个观察陈述之合取，至少可导致一个观察陈述，而这个观察陈述不可能从这些其他的前提单独地推演出来，那么这个陈述是直接可证实的。间接可证实：一个陈述如果满足下列条件：第一，这个陈述与某些其他前提之合取，就可导致一个或几个直接可证实的陈述，而这些陈述不可能仅仅从这些其他前提单独地推演出来；第二，这些其他前提中不包括任何这样的陈述，它既不是分析的，又不是直接可证实的，也不是能作为间接可证实而可被另有证据地独立证实的（即可另有证据地被证实）。一个语词或者一个语句，当且仅当它满足强可证实或弱可证实、直接可证实或间接可证实的条件时，它才是可证实的。这样，像"鬼"或"世界上存在着鬼"这样的语词或语句，由于它们不能满足这些条件中的任何一项，因而就将被认为无意义而被排除在科学之外。同样，像占星术这样的"理论"，也将由于同样的原因而被排除在科学之外。而像"小儿麻痹症是由某种病毒引起的"、"对于每一种络合物都存在一种溶剂"、"在宇宙间的其他星球上存在有机生命"等等这样的陈述，由于它们能够满足如上所说的条件，因而就将被认为有意义而被纳入到科学的范围之内。再如像概率规律这样的难题在我们的观念之下也将被消解。因为概率规律虽然在严格的逻辑（演绎逻辑）的意义上不可被证伪，但却可以在归纳的意义上被弱可证实，因而它们就自然地在科学中获得了它们应有的地位。反之，任何科学理论，它们虽然在逻辑上不可能满足强可证实的条件，但却可以满足弱可证实的条件以及可证伪性的条件，因而它们自然地属于科学的范围。当然，我们所说的可证实或可证伪，正如我们在前面所一再讨论过的那样，是指理论的预言可被证实或被证伪，而不是理论所假定的模型或机制能被证实或证伪。

由于可检验性乃是科学的最重要的特征，因而为了进一步讨论清楚划界标准，我们也许应当在"可证实"与"可证伪"这两个概念的约束条件上作进一步的工作。

（2）理性的怀疑主义和批判精神。

理性的怀疑主义和批判精神是科学的又一重要特质。科学要求从事科学研究的科学家对科学中的任何理论、假说甚至所宣称的实验结果，都持某种有理由的、理性的怀疑和批判的态度，所以科学在其发展的历史中，始终是一个自我审度、自我挑剔、自我批判的过程。正是通过科学家们不断地对科学中以往已有的理论、假说甚至所宣称的"实验事实"，不断地作严格的批判、审度和修正，才使得科学理论不断地愈来愈趋向于协调、一致和融贯并覆盖愈来愈广泛的经验，即所谓趋向于"真理"，消除错误。从而使科学本身不断地得到发展，获得愈来愈强的指导实践的功能。

科学中的这种理性的怀疑和批判精神，是和任何宗教迷信、教条主义、权威崇拜不相容的。任何宗教都不可能鼓励自己的信徒对自己的宗教或教义作理性的怀疑或批判；相反，总是通过种种神学说教对教徒进行精神控制或对教义进行盲目崇拜。任何教条主义的意识形态，特别是某种与国家权力相结合的教条主义意识形态，也都总是竭力想用这种教条主义的意识形态来控制人们的思想，束缚人们的思维，使之变成某种精神的牢笼；它只许人们对它"坚信"，不许对它有任何动摇，更不许对之作理性的怀疑或批判，否则就可被视为违反"天条"，可以因此而治罪。科学中的理性的怀疑和批判精神也是与任何提倡个人迷信、权威崇拜的招式不相容的。科学的理性的怀疑和批判精神拒绝任何个人迷信或权威崇拜，而任何的个人迷信和权威崇拜则总是要扼杀理性的怀疑和批判精神的张扬，它是与科学精神不相容的。

科学的可检验性与科学的理性怀疑主义和批判精神是一致的。在某种程度上，可检验性要求可以看作科学的理性怀疑主义和批判精神所蕴含的一个要求，但是，可检验性却又是科学区别于其他非科学的意识形式的最根本的特点。

（3）进步性。

科学的进步性是科学发展的又一显著特点。科学的进步性是与科学的可检验性以及理性的怀疑主义和批判精神密切相关的。科学正是通过它不断地、自觉地对自己进行严格的自我检验、自我审度、自我怀疑和批判，因而它是日新月异地不断进步的。这就使科学的发展与任何宗教或教条主义意识形态显著不同。宗教或教条主义学说要求死守或"坚持"它的教义或教条，甚至可以喊出要求它的教义或教条"万岁"的口号。而科学却总是通过自觉的自我检验、自我审度、自我怀疑和批判，在毁弃自己以往的理论以及其他成果，用更加进步的理论、方法、仪器甚至实验成果去取而代之。从这个意义上，当然，仅仅是在这个意义上，可以说，科学的进步总是以"毁弃"自己的过去的形式而发展的。这种发展的形式也使得它与文学艺术的发展形式很不相同。文学艺术在历史上的发展主要是依靠积累、积淀而不断地丰富起来，但很难说它后来的成果（艺术产品）一定比它几百年以前，甚至一两千年以前的前辈的成果有了多么明显的进步。例如，我们很难说今天的某个雕塑家的作品一定比古希腊留存下来的维纳斯雕像更加"进步"，也不能说今天的某个大剧作家的作品比几百年前的莎士比亚的作品更加"进步"；同样，我们也不能说现今的某个音乐家的作品比一两百年前的贝多芬的第九交响乐或柴可夫斯基的钢琴协奏曲更加进步。甚至绘画也是如此，我们不能说今天的某个画家的作品比几百年前的达·芬奇的名作更加进步。但是科学却不同。它是明显地进步着的。我们可以肯定地说，近代科学比古代科学是大大地进步了，18 世纪的科学比 17 世纪的科学是大大地进步了，19 世纪的科学比 18 世纪的科学是大大地进步了，20 世纪的科学又比 19 世纪的科学是大大地进步了。我们今天的科学又比几十年前，甚至十几年前的科学是大大地进步了，还可以说，我们今天在科学中所使用的仪器比几十年前、十几年前甚至几年前所使用的仪器是大大地进步了。科学中，那些过时的仪器都被淘汰了，成了一堆废铜烂铁。这可不像古代留下的雕塑、绘画、钱币或其他古董那样，愈是古老就愈是价值连城。科学的这种以"毁弃"过去为特点的明显的进步方式，确实是科学发展的又一大特色。

以上三条，是我以为可以区分科学与非科学的三大特征。但是，这三条似乎仍然不是区分科学与非科学的充分而必要的条件。因为至少它还不足以把科学和技术区分开来。今天，我们常常见到一些人把科学与技术相混同。其实，这是不对的。实际上，还是应当把科学与技术区分开来。

第三节 科学与形而上学的关系，科学与伪科学

（一）形而上学不是科学

形而上学不是科学，但它又常常会混杂在科学理论的体系之中，甚至人们常常会把某些形而上学命题误认为是某个科学理论体系的基础，正如当年在牛顿力学中包含着"绝对时间"、"绝对空间"等形而上学命题，并且把它们当作牛顿力学的理论基础一样。一门科学理论愈是不成熟，其中所包含的形而上学成分就会愈多。科学家发展科学理论的任务之一，就是要不断地区分并剔除科学理论中的形而上学成分，正像当年马赫所从事的工作以及后来爱因斯坦对牛顿力学所做出的根本性改造那样。由于在当代的各个科学领域中，其中的极大部分理论都还远未达到像相对论和量子力学那样的成熟的程度，因此，在各门科学理论中，包含有形而上学成分，简直就成了科学的常态。国际上科学哲学中的所谓历史主义学派，他们不愿意对科学理论作规范性的分析研究，而只是强调对现存的科学理论做出描述性的说明，因而他们往往不恰当地认为形而上学本身就是科学中的必不可少的成分。其实这是不对的，这种观点会阻碍科学的进步。因为不断地区分并剔除科学理论中的形而上学成分正是科学理论取得进步的重要的甚至主要的途径（这其中包含着不断地增加和纯化科学理论的经验内容）。

（二）形而上学本身并不等于伪科学

形而上学不是科学，但这并不等于它就是伪科学，如果它并不冒充科学的话。形而上学虽然是某种知识和智力发展水平局限的产物，但如果我们能正确地对待它，那么它甚至对科学发展还可以有某种积极的作用；科学家在创造和建立科学理论的过程中，形而上学理论或某些形而上学"命题"还可能起到某些启发作用。正如古希腊的原

子论的形而上学曾经对道尔顿建立近代化学中的科学原子论和对以牛顿为代表的几代科学家建立近代物理学理论都曾经起到过巨大的启发作用一样。甚至即使像黑格尔式的辩证法的形而上学，实际上对科学的发展也可以有某种启发的作用。但形而上学的这种功能通常只有在创建或者修改某种科学理论的过程中才起作用，当某种科学理论一旦创建和修改以后，则原来的形而上学"命题"就应该消失在被建立起来的该种科学理论之中，而成为该种科学理论中的内在原理而不再具有原有的形而上学性质。恰如古希腊的原子论中的那些形而上学设想，一旦被近代化学中的科学原子论所吸收，它就成了与某些特定的桥接原理相联系的科学理论中的"内在原理"而具有了经验内容，并成为科学理论中的基本成分，从而使它不再具有原有的那种形而上学性质。① 尽管在任何尚不够成熟的科学理论中难免仍包含有某种形而上学的成分，但正如前面所述，科学理论的发展是应当尽量驱逐这种形而上学成分的。科学理论中的这种形而上学成分会阻碍科学理论的进步与发展。如果某种形而上学理论或"命题"在创建或修改科学理论的过程中表明无效，则它们应当被无情地阻止或清除出该种科学理论。

（三）何谓伪科学

所谓"伪科学"的"伪"，就在于它乃是彻头彻尾的冒牌货。某种科学理论由于尚不成熟，其中尚包含有某种形而上学成分，并不能由此说它是伪科学。某些形而上学理论、宗教神学理论以及其他诗歌艺术等非科学的意识形式，如果它们并不宣称自己是"科学"，为自己戴上"科学"的桂冠，那么它们也不是"伪科学"。"伪科学"仅当它本身并非科学，却又要为自己打出科学的招牌时，它才成为伪科学。例如，某种形而上学体系或某种宗教神学体系，当它们宣称自己是科学，甚至是"最高科学成就"的时候，那么，它们就成了不折不扣的伪科学。其实，各种非科学的意识形式，它们本身并非没有价

① 参见林定夷《近代科学中机械论自然观点兴衰》，中山大学出版社 1995 年版，第391～393 页；林定夷《科学理论的结构》，载《哲学研究》1996 年第 6 期。

值，它们各自可以有各自的价值，但是，以任何非科学的东西来冒充科学却是不允许的。此外，我们也千万不要在科学与真理之间画等号。科学理论和科学命题都是可错的，历史上的许多科学理论，今天看起来可能都是错的或基本上是错的。但它们仍不失为历史上曾经出现过的科学理论。科学的特点并不在于它们一定是真理，而在于它总是在不断地作自我批判和检验中不断地纠正错误。基于此，我们也不可以在错误与伪科学之间画等号。在当今的我国学术界，有人以指责"错误"为名，乱打"伪科学"的棍子，实在是十分荒唐并且是十分不利于真正反对伪科学的。

（四）要区分伪科学行为和伪科学理论

在当今的公众媒体和日常语言中，当说到"伪科学"一词时，常常是指称着两种不同的东西：一种是伪科学行为，一种是伪科学理论。我们应当区分这两种不同的东西。伪科学行为的目的通常并不是想构建某种无经验内容的"理论"来冒充"科学理论"，而是在宣称自己做出了某种科学理论或实验的"新发现"的时候，通过作伪手段包括魔术师般的障眼法等手段来以假乱真。伪科学行为通常有某种自觉的不正当的意图，这种行为所涉及的是法律和伦理问题。判定伪科学行为需要通过认真严肃的经验调查的方法来予以认定，然后通过伦理的、行政的甚至法律的手段来予以谴责或制裁。而伪科学理论则是某些本身只是非科学的理论（如形而上学理论、宗教神学理论）为自己贴上"科学"的标签，来冒充科学。要判定某种理论或命题是否为伪科学理论或伪科学命题，主要是要通过语义分析的方法，看它是否具有经验内容或者是否是由分析命题所构成的重言系统。如果它们两者都不是而又要冒充科学，那么它们就是伪科学。提出伪科学理论者，固然有可能抱有某种不良意图，但更常见的则是提出者或者拥护者本人缺乏科学与非科学的划界知识，误认为自己所提出或者拥护的某种实质上是非科学的理论乃是一种真正的科学理论，因而常常是一种不自觉的行为。判别某种理论是否为伪科学理论，常常是学术范围以内的事情。伪科学行为与伪科学理论是两种不同的东西，但有的人很可能两毒俱全。例如，在我国曾风行一时的伪气功师，他们既提出伪科学理论，又通过各种弄虚作假的行为以行骗，以显示他们的功法如何有效地来蒙蔽不知根底的人们。

第四节　中医是否为伪科学

当前，中医是否是伪科学，成了国内某些学人和普通百姓关心的一个热门话题。中医是伪科学吗？我以为，不可以简单地作此论断。

（一）中医是包含有经验内容的

中医通过望、闻、问、切对疾病的诊断以及对药性的理解所开出的处方常常是有效的（虽然并非总是有效的）。这表明中医已经在数千年医疗实践经验的基础上，对疾病与药性已经找到了某种似规律性的东西。在某些疑难杂症的治疗上，中医甚至有了优于西医的治疗效果。这表明中医绝非伪科学，在某种意义上，中医可以称作是某种医疗技术。这种技术的掌握主要靠经验积累和对前面所述的那种似规律性的知识的掌握，而与它所宣称的理论基础，即阴阳五行学说其实关系不大。从阴阳五行学说实际上导不出他们的技术结论，两者之间不存在真正的逻辑关系。所以他们在诊断和治疗上的错误，乃至系列错误，也不会危及他们的前提（阴阳五行学说）。阴阳五行学说在中医中的作用至多是对他们的诊断和治疗做出一种表浅的、无真正逻辑关系的比附性"说明"。但中医毕竟已经在诊断和治疗方面有了某种似规律性的理解，因此，这种理论虽然迄今为止绝非成熟，但至少它已可以取得某种"前科学"的资格。此外，正如前面所述，在某些尚不成熟的科学理论，尤其是前科学理论中，常常包含有许多形而上学成分，中医中也包含有许多明显而严重的形而上学成分。中医学理论在发展中应当克服这种形而上学的桎梏。

（二）中医的"理论基础"是形而上学的

迄今为止的中医学，其"理论基础"仍然是阴阳五行学说。这种阴阳五行学说则完全是一种形而上学学说，从它实际上推不出任何经验结论。阴阳五行学说把什么东西都归入到阴、阳这两个范畴之中，它不说明"阴"、"阳"这两个范畴的基本性质是什么，却先入为主地认定人体的体表为阳，内部为阴；上半身为阳，下半身为阴；背部为阳，腹部为阴；六腑为阳，五脏为阴；男性为阳，女性为阴；对于每个器官而言，其功能为阳，器质为阴，等等。这种分类完全没有一个明确的标准，十分牵强附会。至于五行学说，则更加牵强附会。它把自然界和人体的各种性质、过程、变化、实体、脏器都牵强附会地强行纳入到五行之中，见表4-3①。

表4-3　五行学说与自然、人体的关系

自然界					五行	人体				
发展过程	五味	五色	五气	时令		脏	腑	肢体	五官	五志
生	酸	青	风	春	木	肝	胆	筋	目	怒
长	苦	赤	暑（热）	夏	火	心	小肠	脉	舌	喜
化	甘	黄	湿	长夏	土	脾	胃	肌肉	口	思
收	辛	白	燥	秋	金	肺	大肠	皮毛	鼻	悲
藏	咸	黑	寒	冬	水	肾	膀胱	骨	耳	恐

从上表，我们实在看不出这种归类的任何道理来。实际上，在中医中，无论是诊断还是处方都是建立在经验积累的基础上的。从阴阳五行学说中实际上作不出任何经验结论，它在中医中的作用，实际上只是对诊断或处方等在事后作牵强附会的比附性的"说明"或"解释"，而这种"说明"或"解释"实际上只是一种伪说明或伪解释，这种伪说明和伪解释甚至比前面我们所分析过的辩证法的伪说明和伪解释还要粗糙和原始。这种"说明"或"解释"，由于完全不合逻

---

① 参见北京中医医院、北京市中医学校编《实用中医学》，人民出版社1976年出版。

辑，所以它们的"结论"完全不能从它们的前提（理论）中推演出来。反过来，如果硬要坚持这种比附性的"推演"，则常常会得出错误的结论来。但是，由于这种比附性的"说明"本身完全不合逻辑，所以结论的错误也不会危及它的前提（阴阳五行学说）。这种情况，与科学理论的检验是完全不同的。归根结底，阴阳五行学说是完全不接受经验检验的，它是一种彻头彻尾的形而上学理论。它的比附性"说明"之牵强附会也是十分明显的。例如，它把四季硬要归入到五行之中，于是在春、夏、秋、冬之外，强行再插入一个长夏，并且长夏属"土"。夏天以后还有一个长夏，在广东或海南还可勉强谓之，但在我国东北各省呢，在地球的南北极呢？除了牵强，还能叫人信服地理解吗？此外，把什么性质或过程都硬性地分为五类，有根据吗？实际上的"色"只有所列的五种吗？那么紫色、蓝色往哪里放呢？"志"也只有所列的那五种吗？例如，"爱"、"困"等等呢？总之，其牵强性是无以复加的。

（三）中医应当发展

未来中医学的发展，应当重在坚持保留和发展它的有效的经验成分。有人强调，中医是我们中华民族的传统医学，在中医的发展中，应当坚持和弘扬它自身的特有传统。如果这种"特有的传统"，是指阴阳五行学说，那么就不值得坚持，更不值得弘扬。因为正是这种传统阻碍了中医的发展。众所周知，两千多年来的中医学实际上是甚少进步的。有人说，与阴阳五行学说相联系的中医学的特征，就在于它的整体观念。是的，整体观念是应该肯定的。但是，这种整体观念只有与深入的分析方法相结合才有价值。例如，即使在如今的中医中，对于所开出的处方，中医学家也仍然并不知道处方中的成分，更不知道哪些成分是有效的，哪些成分是无效的甚至是有害的，这些成分起作用的机制是什么，等等。由于中医学迄今为止仍缺少有效的理论，作为其"理论基础"的阴阳五行学说实质上只是一套形而上学学说，因而迄今的中医学，实际上仍然只是停留在前科学的水平上。今后中医学的发展，应当引进当代实验科学的精神和方法，彻底扬弃形而上学的桎梏，或者在保持和丰富它现有的有效经验成分的基础上，以当代实验科学的精神和方法为基础，创造出全新的（因而是革命性的）中医学理论，或者用现有的西医学理论为基础，汲取和消化现有的中医学中有效的和宝贵的经验成分，以西医学理论为基础，实现中西医结合。不管采取哪种方式，中医学的研究和人才培养，都须强调学习和实践现代的科学精神和科学方法。现今有些中医药工作者片面强调中医有自己的传统，不应用科学的精神和科学的方法来衡量中医学的研究与实践，这对中医学的发展是非常有害的。

第五节　构建科学理论是深思熟虑的工作；形而上学是深刻的智慧吗

科学理论的建构固然非常需要创造性的想象，但它在理论的结构上，却要讲究概念的清晰性和逻辑的严密性，尤其强调理论要接受严格的经验检验。形而上学呢？形而上学真的是深刻智慧的产物？抑或它实际上是智力不足，智慧上失误的表现？我们且来看看两者的思维方式有何不同。下面，我们且以大家比较熟知的牛顿对经典力学的研究与黑格尔对自然哲学或老子对"道"的研究来做比较。

牛顿是经典力学的集大成者，由于他的工作，力学科学才达到了令人赞叹的成熟程度。

在牛顿之前，尽管力学已经有了相当大的发展，但在"质量"、"动量"、"惯性"、"力"等基本概念上还存在着极大的模糊性和混乱。牛顿则比前人大大清晰地定义了它们。例如，牛顿在他的经典著作《自然哲学之数学原理》（以下简称"《原理》"）一书的开头，就开宗明义地给出了他的理论的一系列基本概念的定义：

"定义1：物质的量是物质多寡的量度，由其密度和体积联合度量。"这就是牛顿给出的"质量"的定义，但牛顿很少使用"质量"（mass）一词，而通常称之为"物质的量"。他定义质量要由"密度和体积联合度量"，即 $m = \rho v$，实际上也难免有大的毛病。因为"密度"是一个更为复杂的概念。当追问"密度"如何度量时，在《原理》一书中难免有"循环定义"之嫌。依据这样的"循环定义"，将导致既无法量度密度，也无法量度质量。所以牛顿的这个定义后来遭到了马赫的严厉批判，说它是一个伪定义。所以，科学理论中的基本概念必须给予清晰的界定，而此类的"循环定义"也是不允许的。牛顿给出此类定义显然是一个严重的失误，幸好牛顿在书中还另有补救。而马赫的批判又正好显示了科学的特质，正如我们前面所言，科学要求从事科学研究的科学家对科学中的任何理论、假说甚至所宣称的实验结果，都持某种有理由的、理性的怀疑和批判的态度，所以科学在其发展的历史中，始终是一个自我审度、自我挑剔、自我批判的过程。通过这种严格的批判、审度和修正，科学理论才能不断地愈来愈趋向于协调、一致和融贯并覆盖愈来愈广泛的经验，即所谓趋向于"真理"，消除错误。从而使科学本身不断地得到发展，获得愈来愈强的指导实践的功能。但牛顿虽然在"质量"这个概念的定义上有所失误，然而他对于力学的其他概念的定义却是花足了功夫，定义得相当清晰。

"定义2：运动的量是运动多寡的量度，由速度和物质的量联合量度。"这实际上给出了"动量"的定义。正像笛卡尔一样，他把动量称之为"运动的量"，并把它定义为速度和质量的乘积，即 $P = mv$。

"定义3：物质的惰性力或固有之力，是一种反抗的能力，出于这种力，任何物体都要保持其原有的静止或等速直线运动的状态。"这是牛顿对"惯性"这一力学基本概念下定义，只不过他在这里把惯性称作一种"力"。但是接着他又对这一概念作了解释。他说："这种力总是与具有该力的物体的质量成正比，而与物体的惰性毫无区别，只是说法不同而已。由于物质的惰性，物体要脱离其静止状态或运动状态是困难的。基于这种考虑，表示惰性的力可以用另一个最确切的名称，叫作惯性力或惰性力……"在另一个地方，他又说："所谓物体的惰性力，我的意思是指它们的惯性。"由此可见，牛顿对于"惯性"的概念，基本上是正确的。由于他认为惯性与质量成正比，因此他已经把"惯性质量"的含义揭示出来了。而当他说质量可以用重量来量度时，他又揭示了"引力质量"的含义，尽管他在当时并没有使用"惯性质量"和"引力质量"的概念。他自然地认为引力质量与惯性质量相等，把它当作一个事实来接受，而未予以追索。追索它们何以会"自然相等"的怪事，成了后来爱因斯坦建立广义相对论的出发点。当然，牛顿把惯性看作物质的固有之力，也有问题。牛顿的这个观念后来也遭到了马赫的严厉批判。

"定义4：外力是加于物体之上的一种作用，以改变其运动状态，而不论这种状态是静止的还是沿直线做匀速运动的。"他又说："外力只存在于作用的过程中，作用一旦过去，它就不复存在。此时，仅仅由于惰性，一个物体就可以保持它所获得的新的（运动）状态。但外力的来源可以是不同的，如可以来自碰撞、压力或向心力等。"

由此可见，牛顿已经给"力"下了比较严格的定义，指出这个"外力"是与"惰性力"不同的。"惰性力"是物体所内在的，只与物体自身的质量有关；而"力"，即"外力"，则是一种"作用"，是"外加的"，一旦外加的作用消失，力也不复存在。惯性（"惯性力"）是物体要保持自身原有运动状态的一种力量，而外力则是要改变物体运动状态的一种力量。可见，牛顿对力的定义与现代定义是基本相同的。只是现在我们通常不会再说力改变物体的静止或匀速直线运动状态，而是一般地说力给予物体以加速度。因为力不但改变物体的静止或匀速直线运动，而且力所产生的加速度也可以赋予任何非匀速直线运动的物体。当然，牛顿只是附带地说了一句看来似乎有局限性的话，实际上，他还是一般地指出了力改变物体的运动状态，其中已经包含了力给予物体以加速度的意思。

值得注意的是，一方面，牛顿并没有把物体间的一切相互作用都叫作力，而是把力只看作改变物体机械运动状态的一种相互作用。因此，他的"力"的概念乃是清晰地可以量度的一种力学上的物理量。这不同于"心理影响力"、"营养力"、"生长力"等等一些模糊概念。另一方面，牛顿又抽象掉了产生这种力的相互作用的物理特性，不管这是电的相互作用、磁的相互作用、引力相互作用，或是推、拉、压、碰撞等相互作用，只要这种作用改变物体的机械运动状态，即它给物体以加速度，他就称之为"力"。这种抽象在科学上是完全必要的。至于追溯产生这种"力"的原因，这完全是另外的一回事，是应当由其他的物理学分支来研究的。所以，18世纪直到19世纪初，有些科学家和哲学家因为不肯接受"万有引力"的概念，就说牛顿的"力"只是"不知原因的代名词"，只是把一切不知道原因的作用都叫作"力"罢了，因而把"力"这个概念讥讽为"避难所"，像这种批判实际上是非常不对的。但直至后来，德国辩证法哲学家黑格尔仍以这种落后观念来批判牛顿，甚至还自以为是，而且直到19世纪70年代，马克思主义的创始人之一，恩格斯竟然还步黑格尔的后尘，实在是让人感慨万分，除了令人摇头或耸耸肩膀，不能再有别的表示。确实，在18、19世纪，科学界确有一种滥用"力"这个词的现象，如"生长力"、"营养力"等等，这种倾向无疑是可指责的。但由此来批判牛顿关于"力"的概念却是文不对题。牛顿的"力"其实是一个十分重要的、有明确的物理意义的抽象概念。牛顿在《原理》一书中，除了清晰地给出以上这些重要的力学基本概念以外，还讨论了诸如"向心力"、"向心加速度"、"角动量"等等一些重要的基本概念。

我们再来看看牛顿如何做精心思考，以便大家进一步把科学思考与看来神秘的形而上学思考做对比。

牛顿在定义了力学的基本概念以后，便系统地表述了"运动的基本定理或定律"。牛顿在总结前人成果的基础上提出了他的"运动三大定律"，即著名的牛顿三大定律。他把它们表述如下：

"定律1：每个物体都要继续保持它的静止状态或等速直线运动状态，除非对它施加外力以迫使它改变这种状态。"这就是牛顿第一定律，即惯性定律。历史上，伽利略曾最早表述了惯性定律的思想，尽管还不够准确和完整；笛卡尔曾局部地改进了伽利略的表述并把它包含在他的"宇宙学"的"第一条原理"的表述之中。牛顿在前人的基础上真正对惯性定律做出了简洁精确的表述，并把它作为构建他的力学大厦的出发点。牛顿力学的全部原理都是对惯性参照系而言的，而所谓惯性参照系就是指惯性定律在其中起作用的参照系。由于在牛顿力学中，惯性参照系与非惯性参照系是不平权的，这在往后引出了许多问题，终于导致了 20 世纪初爱因斯坦的相对论革命。

"定律 2：运动的变化与外加推动力成正比，并发生在该力的作用线方向上。"牛顿把"运动的量"定义为质量和速度的乘积。因而，牛顿所说的"运动的变化"，用今天较精确的语言来表述就是"动量对时间的变化率"。所以，牛顿当初所表述的力学第二定律的数学表示式应是：

$$\mathbf{F} = \frac{d(\mathbf{v}m)}{dt}。$$

当然，在牛顿力学的框架内，这条定律还可以有一种稍许不同的表述方式。因为在牛顿力学的体系内，质量是一定量的物质所固有的，不会随物体的运动而变化。所以，我们可以得到一个等价的表述式：

$$\mathbf{F} = \frac{dm\mathbf{v}}{dt} = m\mathbf{a}，\ 即\ \mathbf{F} = m\mathbf{a}。$$

所以，牛顿第二定律也可以表述为："受一定力的作用的物体的加速度与这个力成正比，而与这个物体的质量成反比，加速度的方向与力的作用方向一致。"这正是我们后来通常在物理教科书中所见到的表述。在牛顿看来，这两种表述是完全等价的，而牛顿当时则是用了第一种表述，即 $\mathbf{F} = \dfrac{d(\mathbf{v}m)}{dt}$。

但是，从现代科学的观点来看，这两种表述实际上是有差异的。因为按照爱因斯坦的理论，质量 m 并不是一个常量，而是会随着物体运动速度的变化而变化的；运动物体的质量 m 将大于它静止时的质量 m_0。因为 $m = \dfrac{m_0}{\sqrt{1 - \dfrac{V^2}{C^2}}}$，其中，v 为物体运动的速度，c 为真空中的光速。所以，从今天的科学观点看来，这两种表述并不等价，而且牛顿当初的那种表述比通常所说的 $\mathbf{F} = m\mathbf{a}$ 有更普遍的意义。但这些还不是我们现在所要讨论的内容。

"定律 3：对每一个作用力，总存在一个相等的反作用力和它对抗；或者说，两个物体彼此施加的相互作用力总是相等的，并且各指向其对方。"这就是牛顿第三定律，这是在进一步总结了惠更斯等人的碰撞理论的基础上建立起来的。

牛顿对科学最伟大的贡献是在这三大定律的基础上，进一步发现了万有引力定律。牛顿发现万有引力定律，同样是要回答波列里曾经提出过的行星运动的动力学平衡问题。所不同的而且最具有重要性的是牛顿把天上和地上的运动统一起来，并且用数学证明了它，给出了这个普遍定律的定量的表述形式。在《原理》一书的第三篇中，牛顿引导我们作如下的思考：行星依靠向心力，可以保持在一定的轨道上，这只要考虑一下抛射体的运动，就可以很容易地理解了：一块被抛出去的石头由于其自身的重量的压迫不得不离开直线路径，它本来是应该按照起初的抛射方向走直线的。然而现在它在空气中划出的却是一条曲线，它经过这条曲线的路径最后落到了地面上；抛射时速度愈大，它落地前走得愈远。因此，我们可以假定抛出的速度不断加大，使得它在到达地面之前划出 1、2、5、10、100、1000 英里的弧长，最后一直加到超出地球的界限，这时石头就要进入空间而碰不到地球了，……正像行星在自己的轨道上不停地运动一样。

牛顿把天上的行星运动和地上物体的运动联系起来，把它们看作同一种力作用的结果，这是一个伟大的思想。但牛顿决不让自己的这个思想仅仅停留在定性的说明上，他要做出定量的描述。为此，他把月亮绕地球的运动和地面物体的下落都看作同一种力——地球引力作用的结果。根据牛顿理论，力要引起加速度，而月亮绕地球旋转的向心加速度，根据惠更斯的公式 $a = \dfrac{V^2}{R}$ 以及月—地距离（R）和月亮周期等数据，可知受地球引力影响而引起的这个向心加速度的值应为 a = 0.0027 米/秒²。而按照伽利略落体定律 $S = \dfrac{1}{2}gt^2$，并已知 g 值为 9.81 米/秒²，这两者之比为 $\dfrac{g}{a} = 3640$。牛顿发现，这个比值差不多正好是月球轨道半径与地球半径之比的平方。由此，牛顿得出初步结论：地心引力随物体到地心距离的平方成反比关系。他进一步用各行星轨道的数据进行核验，发现太阳对各行星的引力也服从与距离的平方成反比关系。牛顿进而把这一发现推广到宇宙间所有的物体，并借助于开普勒行星运动定律而得出能用数学形式予以表示的万有引力定律 $F = G\dfrac{m_1 m_2}{r^2}$。他的意思是说：所有物体都相互吸引，吸引力的大小与它们的质量成正比，而与它们之间的距离的平方成反比。

牛顿以运动三大定律和万有引力定律为基础，运用数学的方法，构建起了他的严谨而壮观的经典力学体系。《原理》一书把天上和地下的运动统一起来，几乎集中了关于固体力学和流体力学的所有部门的知识，还开创了天体力学的研究。其中所涉及的问题，甚至使得当代科学家也还不得不向《原理》请教，来解决他们所面临的难题。牛顿的理论所涉及的概念和规律都是非常普适的。在当时看来，"质量"是一个绝对普遍的概念，凡物质都具有质量，而且质量乃是物质多寡的量度；而万有引力定律也是绝对普遍的，可以说，万事万物概莫能外。但是，大家看到，这些概念和定律都是表述得非常清晰的，而且从它们可以做出清晰的预言，可以接受经验的检验。例如，假定两个物体的质量分别是 m_1 和 m_2，并且它们之间的距离是 r，那么就可以计算出它们间的引力的大小，如果测量的结果与万有引力定律的预言不一致，那就说明这个定律是错的，或者至少是所引进的前提中是有问题的。又如，牛顿的朋友哈雷用牛顿的理论计算并预言了他于 1682 年所观察到的那颗彗星（哈雷彗星）将于 1759 年返回，并指出它就是自 1066 年以来历史上已被天文学家记录过多次的那颗彗星。更有甚者，根据当时的大地测量的结果，科学界认为地球的子午线周长大于地球赤道的周长，也就是说，地球是橄榄形的。但牛顿依据他的理论却预言说，地球的赤道周长应大于子午线的周长。通过重新进行的大地测量，竟然证明了牛顿的预言是正确的。这种情况与形而上学理论（不管是在牛顿之前或牛顿之后产生的），如中国的《易经》和《道德经》或黑格尔的《小逻辑》和《自然哲学》等等在世界上多如牛毛的形而上学理论是决然不同的，那些形而上学理论都看起来深奥莫测，但都概念模糊，不可检验，因而可以各人自说一套而

"坚持"已说，反正不可检验。

总体而言，牛顿的科学思考是十分严密的。但他也有因不慎而失误之处。尽管牛顿在从事科学研究的时候，反复提出警告："物理学，当心形而上学啊！"但在他的研究过程中，终因某种失误和思考不周而陷入了他不愿意陷入的形而上学的境地。这就是在他的理论中，提出了绝对时空的概念。事情是这样的：

当牛顿建立和论证他的力学理论时，他当然十分明白伽利略的相对性原理：对于两个相互做匀速直线运动的参照系，其中的力学规律是一样的。这个原理表明，一个物体的位置和速度不具有绝对的意义，它们都只能相对于其他物体而言才能被描述。但是，牛顿同时也十分明白，伽利略的力学和他自己发展了的力学，都是只有对于惯性参照系才是成立的；对于非惯性参照系，如一辆突然刹车或突然转弯的车辆，从车辆上的人看来，车上的一个物体没有受到力的作用，它就突然会跑动起来。在这里，他的第一定律就不起作用了。对于他的力学来说，虽然所有惯性参照系都是平权的，但惯性参照系和非惯性参照系却是不平权的。他根据经验认定，地球可以近似地看作一个惯性参照系，但他也十分明白，这只是近似而已。因为他知道，地球在绕太阳公转并作自转，因而它并不具有惯性系那种特殊的性质和特殊地位。虽然他知道，如果甲这个参照系是惯性参照系，那么相对于这个参照系作匀速直线运动的参照系也是惯性参照系。但这就意味着，首先要确定一个参照系是惯性参照系，别的物体相对于它保持了静止或等速直线运动，因而也可以看作一个惯性参照系；而地球或地球上的某些物体相对于它只作了很少的加速运动，因而可以近似地看作惯性参照系。

那么，这样的可以作为标准的惯性参照系怎样来确定呢？牛顿明白，任何物体都在运动着，对它们的位置和速度都只能相对于别的物体才能被描述，因而所有这些物体都不可能有超然的特殊地位。这个问题使牛顿十分苦恼。于是他设想，总要有一个什么东西，它是绝对静止的；别的物体由于对这个绝对静止的东西保持静止或作等速直线运动，所以它才具有惯性参照系的性质，而另一些物体由于相对于它作了加速运动，所以它才表现出了像突然刹车的火车或儿童公园里旋转木马的性质，即成为一个非惯性参照系。但是，这个绝对静止的东西是什么呢？牛顿既然认识到，任何物体的位置和速度都只能相对地确定，因而没有任何理由可以确定有任何物体是绝对静止的。于是他设想：这个绝对静止的东西不是别的，正是"空间"；空间像是一只空箱子，里面可以容纳物体（也可以不容纳物体——真空），物体在其中运动，而空间本身是不动的，它与在其中运动着的物体无关。这样，牛顿就为他的惯性参照系与非惯性参照系不平权找到了根据。所有别的物体（参照系）就是因为它们与空间这个绝对静止的参照系的相对运动的不同状态而区分成了惯性参照系和非惯性参照系；如果它们对于绝对静止的空间保持静止或匀速直线运动，则它们成了惯性参照系，他的第一定律在其中起作用；如果它们与绝对静止的空间有了加速度，则它们就成了非惯性参照系。从这些非惯性参照系上来描述物体运动，则一个物体没有受到力的作用，也能从静止状态突然运动起来（或一般说来，没有受到力的作用，就自动地获得了加速度）。地球大概对于这个绝对静止的空间仅仅保持了很少的加速运动，所以才勉强地仍可看作一个惯性参照系。

十分明显，牛顿的这个绝对空间的观念，不但看起来与人们的常识经验十分一致，而且与他的力学体系也十分一致。这个观念实际上甚至是已经包含在作为他的力学体系的三大定律之中的。同样，他的绝对时间观念也具有同样的性质；它不但与人们的常识经验十分一致，而且是已经为伽利略变换所明白地表示了的，而伽利略变换正是牛顿力学的十分重要的基础。可以说，牛顿要坚持他所创造的力学，几乎是不得不坚持他的绝对时空观的。

但是，牛顿对他的绝对时空观的深入思考决不到此为止。他的思考还要深刻得多。因为牛顿明白，他到此为止所提出的绝对时空观还难免与形而上学搭边，而他曾一再警告自己："物理学，当心形而上学啊！"所以他要求自己作进一步的深入的思考。他认为，对自己所提出的绝对时空观念是否正确，是一定要有办法进行检验的才是可以允许的。然而他又十分明白，在一个他所设想的绝对虚空的空间中，是没有办法安上任何坐标杆尺的，因而也没有可能来实际测量或检验它究竟是否静止着或运动着，甚至也无法测知任何一个物体对于这种绝对空间是否发生了运动或发生了怎样的运动。一旦要进行测量，总必须要把坐标杆尺安在某一个物体上，这样一来，由这个坐标系所确定的空间就和物体一起运动。所以牛顿承认，这个绝对静止的空间是没有办法感觉到的，人们所能感受到的只能是与物体一起运动的相对的空间。因此，最终人们还是只能相对于这些运动着的物体来确定另外一些物体是运动或静止的，所以，运动的相对性思想仍然是物理学的不可避免的思想。但是，问题在于，牛顿毕竟做出了"绝对静止的空间"的假定，这样一来，牛顿从运动的相对性思想出发，最后却不可避免地导致了绝对运动的观念：相对于绝对静止着的空间的运动，就是"绝对的运动"；相对于绝对静止着的空间保持静止，就是"绝对静止"。牛顿的苦恼在于，对于这种"绝对的运动"和"绝对的静止"无法通过经验的方法测知或感知它。而这，正是牛顿想要竭力避免的形而上学的陷阱。

牛顿决不甘心于仅仅凭着想象或推测而提出某种不可由经验给予检验的形而上学假定。他牢记自己的名言："物理学，当心形而上学啊！"为此，他冥思苦想，终于提出了一个实验（一个思想实验）来对他的绝对空间的观念做出检验和论证。他的思路如下：

确实，根据伽利略的和他自己发展了的力学理论，运动似乎具有相对性；要确定任何一个物体的位置和速度，只有相对于另外的物体作参照才能被描述。但是，他分析说，物体的运动不但有速度这个量，而且还有加速度这个量。按照他的理论，速度固然是一个相对的量，但是加速度却是一个绝对的量；加速度与参照系无关。在惯性参照系中，加速度只是由于力的作用引起的；"力"这个量是物体之间的相互作用，与参照系是无关的。而一切所谓非惯性参照系，只是因为它们对惯性参照系有某种加速运动。那么，牛顿问：这个"加速度"最终是相对于什么而言的呢？由此，他设想，可以通过"加速度"来确定是否存在绝对静止的参照系，因为物体的加速度一定是相对于绝对静止的参照系——空间而言的。他的水桶实验正是沿着这个思路来设计的：设想一个悬吊起来的大水桶，里面装着水，一个人仅仅注视这水面而不看任何其他东西。伽利略曾经在《关于托勒密和哥白尼两大世界体系的对话》一书中设想了萨尔维阿蒂大船的思想实验，断言在一个做匀速直线运动的密封船舱内的人仅仅观察船舱内发生的力学现象，不可能断定他自己所在的船是否在运动。牛顿则想有所突破，认为在他设想的系统中，观察者仅仅通过观察水面的形状，就能断定这个水桶中的水是否有运动。他所设想的实验很简单，看来也很符合人们的经验。他设想：最初，水桶系统静止着，观察者看到水面是平的；然后，假定有人使这个水桶旋转起来，开始时，桶壁旋转而水不运动，这时，尽管桶壁和水之间有了相对运动，但水面却仍然是平的；继之，水逐渐被桶壁带动并和桶壁一起旋转，这时，尽管桶壁和水之间没有相对运动，但水面却呈凹形；最后，若有人使水桶停止了转动，但水却继续在转动，这时，尽管桶壁和水又有了相对运动，但我们仍可观察到水面是凹形的。这就表明，桶壁和水是否有相对运动，与水面的形状没有关系；我们仅仅通过观察水面的形状，就能判定水的微粒是否有运动；若水面平坦，则无运动；若水面呈凹形，则有运动。然而这运动却不是相对于桶壁或其他任何物体而言的，所以它是绝对的。由此，牛顿断言，水面呈凹形一定是表明了水对于绝对静止的空间有了绝对的运动。牛顿的思考比起那些肤浅的形而上学家来说，那是深刻细致得多了，形而上学家们不但根本不曾思考如何来检验他们的理论，甚至根本未曾思考他们的理论是否可接受检验，一个劲儿地说出一连串含混不清、不知所云的所谓的"玄之又玄的哲理"。牛顿则不甘心于使他的绝对时空观落到表面看来合理，但仅仅是纯思辨的不可被检验的形而上学的可悲结局，其用心不可谓不良苦。但是，仅仅因为他思考中的某个疏忽或者说失误，他在这个问题上仍然没有能摆脱形而上学的陷阱。因为他的这个水桶实验实际上仍然不能检验出它所主张的空间是绝对静止的这个观念来；深究之下，他的绝对时空观仍然不过是一种无法用经验检验的形而上学观念。这就是马赫的功夫了。

　　事实上，牛顿不但建立了总体上严谨而漂亮的力学理论，而且在力学的基础上还提出了他的影响深远的科学纲领。这个纲领深刻地影响了往后 200 余年间科学发展的形态。牛顿提出的科学纲领就是："我希望……从力学原理中推出其余自然现象。"这实际上是一个机械还原论的科学纲领，就是要把科学的其他分支都还原为力学。为贯彻这个纲领，牛顿亲力亲为。在他的影响下，18、19 世纪的科学家们普遍接受并在他们的研究工作中自觉贯彻这个纲领，努力把光学、电学、热学，甚至化学、生物学等等都还原为力学，以致它深深地影响了近代科学的理论形态。但牛顿的理论毕竟还留下一些瑕疵，甚至还留下了形而上学的印迹，于是，到 19 世纪六七十年代，它受到了以马赫为代表的先进科学家们的严厉的批评。

恩斯特·马赫可以说是最早对牛顿力学中的瑕疵和他的机械论科学纲领提出尖锐批判的科学家。早在 1862 年。他就在一次题为《历史发展中的力学原理和机械论者的物理学》的讲演中，对机械论进行了批判。1872 年，马赫又写了《能量守恒定律的历史和根源》一书，此书不但从历史的考察中否定了机械论自然观，而且从根基上批判了力学先验论。到 1883 年，马赫又出版了《发展中的力学》一书，此书对往后的科学和哲学的发展发生了历史性的影响。

马赫是用他的实证论的眼光对经典科学中所盛行的机械论进行批判和审度的。在《发展中的力学》一书中，他明确声明他的这本书"是反形而上学的"，强调"超越认识范围的东西，不能被感觉到的东西，在自然科学中是没有意义的"。他从这种实证论的观念出发，批判地审度了经典力学中的基本概念和基本内容，他强烈不满于牛顿力学中某些概念和预设的形而上学性。牛顿曾把他的力学的基本概念"质量"定义为"物质的量"，并由密度和体积的乘积度量。马赫尖锐地指出这是一个伪定义。"因为这种描述本身并不具有必要的明晰性。即使我们像许多作者所做的那样，追溯到假设性的原子也是如此；这样做，只能使那些站不住脚的概念复杂化。"牛顿曾在他的《原理》一书中把"惯性"看作物体固有的性质，马赫认为这同样是错误的。马赫指出："谈论孤立物体的惯性同样是没有意义的。在一个虚空宇宙中物体无所谓惯性，惯性只有从物体和宇宙背景的动力学联系中才能被理解。"

马赫从牛顿力学的基本概念批判到牛顿力学的基本定律，进而批判到牛顿力学中所隐含的形而上学预设。马赫从批判性的考察中发现，在那些力学原理的"证明"中，都包含有某种先验的预设。其中包括"绝对空间"和"绝对时间"的预设。马赫按照实证论的思路进行追问：牛顿力学中关于绝对空间和绝对时间的预设是否真的有经验的根据？他力图要把经典力学中所包含的某种基于经验的成分和无经验根据的任意约定的成分区分开来，并把那些无经验之根据的形而上学成分从科学中驱逐出去。他进行追问的结果发现：牛顿力学中关于绝对空间和绝对时间的观念是没有任何经验之根据，而且也无法用经验来确认的，然而它们却又包含在力学的基本原理之中，成为力学原理之"证明"中所预设的前提。这样一来，马赫就把对牛顿力学的批判挖到它的根基上去了，发现牛顿力学的大厦建基在沙滩之上。牛顿曾经用他的著名的水桶实验来论证他的绝对空间观念，但马赫却批判说："牛顿用转动的水桶所做的实验，只是告诉我们：水对水桶的相对运动并不引起显著的离心力，而这离心力是由水对地球的质量和其他天体的相对转动所产生的。如果桶壁愈来愈厚，愈来愈重，最后达到好几英里厚时，那就没有人能说这实验会得出什么样的结果。"牛顿的力学曾从运动的相对性原理出发，走向了承认存在绝对静止的参照系，因而也存在绝对的运动。而马赫却通过这种批判进行了澄清："正如我们已经详细证明的，我们所有的力学原理都是关于相对位置和相对运动的知识。"马赫进一步从他的批判中做出结论：由于牛顿的力学中包含有诸如绝对空间、绝对时间等等并无经验之根据的任意约定的东西，所以目前的力学的形式是一种历史的和偶然性因素的产物，并不是最终的东西。进而他还强调："把力学当作物理学其余分支的基础，以及所有物理现象都要用力学观念来解释的看法是一种偏见。"

马赫的批判是科学精神的一种卓越体现。一方面，它体现出绝不迷信权威，科学要求从事科学研究的科学家对科学中的任何理论、假说甚至所宣称的实验结果，都持一种有理由的、理性的怀疑和批判的态度。所以科学中绝不会提出必须"坚持"某种既有理论的荒唐主张。提出必须"坚持"某种既有理论的口号，是彻头彻尾地反科学的。另一方面，马赫的批判又体现出科学精神的又一个特点，即科学理论必须接受经验事实的检验，要努力把科学理论中残存的形而上学成分从科学中清除出去，甚至像逻辑实证主义者所说的那样应当把它们从科学理论中"驱逐"出去。爱因斯坦的相对论革命实际上就做了这件事。

爱因斯坦曾经高度评价了马赫的这些著作的意义，爱因斯坦以亲身的感受指出："马赫曾经以其历史的、批判的著作，对我们这一代自然科学家起过巨大的影响。"他坦然承认，他自己曾从马赫的著作中"受到很大的启发"。尽管马赫在晚年曾公开拒斥相对论，但爱因斯坦却仍然真诚地把马赫推崇为相对论的先驱。爱因斯坦特别推崇马赫的《发展中的力学》一书，认为它为相对论的发展"铺平了道路"。"在那里，马赫卓越地表达了那些当时还没有成为物理学家的公共财富的思想。"事实上，马赫不但在物理思想方面给爱因斯坦以重要的影响，而且首先是从认识论思想方面（如爱因斯坦所承认的）给了爱因斯坦以极其巨大的影响。正如爱因斯坦的朋友、物理学家兼科学哲学家菲利普·弗兰克所曾经指出的："在狭义相对论中，同时性的定义就是基于马赫的下述要求：物理学中的每一个表述必须说出可观察量之间的关系。当爱因斯坦探求在什么样的条件下能使旋转的液体球面变成平面而创立引力理论时，也提出了同样的要求。……马赫的这一要求是一个实证主义的要求，它对爱因斯坦有重大的启发价值。"20 世纪美国的著名科学史家霍尔顿也曾指出，在相对论中，马赫影响的成分显著地表现在两个方面：其一是，爱因斯坦在他的相对论论文一开始就坚持，基本的物理学问题在做出认识论的分析之前是不能够理解清楚的，尤其是关于空间和时间概念的意义。其二是，爱因斯坦确定了与我们的感觉有关的实在，即"事件"，而没有把实在放到超越于感觉经验的地方。

当然，马赫的实证主义的认识论尽管在当时的科学中曾起到过积极的作用，但它毕竟是一种过于狭隘的经验主义的认识论。在马赫看来，观察经验是可以独立于理论的，并且观察经验构成科学赖以建立于其上的可靠的基础，所谓科学理论只是对观察经验进行"编目"。在马赫那里，观察是不依赖于理论的，实验观察成了检验理论的最终的和独立的标准。这种认识论，正如爱因斯坦后来所认识到的："在马赫看来，要把两方面的东西加以区别：一方面是经验的直接材料，这是我们不能触犯的（笔者注：这就像我们的庸俗哲学家所说的'实践'是直接材料，是不可触犯的一样）；另一方面是概念，这却是我们能加以改变的……这种观点是错误的，事实上，马赫所做的是在编目录，而不是建立体系。""我看他的弱点正在于他或多或少地相信科学仅仅是对经验材料的一种整理；也就是说，在概念的形成中，他没有辨认出自由构造的元素。在某种意义上他认为理论是产生于发现，而不是产生于发明。"正是从这个意义上，后来爱因斯坦曾经评论说："马赫可算是一位高明的力学家，但却是一位拙劣的哲学家。"

但是，尽管马赫在认识论上仍有其偏颇之处，然而他对经典力学以及机械论所做的批判毕竟是深刻的，特别是他对牛顿力学的基本概念和形而上学的预设的批判，具有无比巨大的逻辑力量，这对往后的物理学革命显然起到了先驱者的伟大作用。实际上，马赫不但被公认为相对论的先驱，而且由于他在《热学原理》等著作中所表述的思想，还被20世纪的著名物理学家温伯格等人认定为"量子论的先驱"。

以上我们详细地介绍了牛顿的伟大的科学工作，其中包括他在自己研究工作中对形而上学的警惕（他一再警告："物理学，当心形而上学啊！"），然而却由于某种疏忽和失误而仍然使他在一些问题上陷入了形而上学的泥淖；进而我们还介绍了马赫对牛顿力学中的形而上学成分的批判以及爱因斯坦从中获益以及进一步的反思。从这些过程中我们可以看到科学的思维方式与形而上学思维方式根本不同的一些特点。这些特点最主要的是：①科学理论要求概念清晰，逻辑严密；②科学理论必须具有经验内容，它接受严格的经验检验，具体说来，是接受实验观察的严格无情的检验。这两条是密切联系的，因为模糊的陈述常常不知所云，因而不可检验。但本质性的差异是后一条，因为有些陈述看起来像是合乎逻辑的，并且也像是要对世界做出陈述，但如果它实际上是不可检验的，那么它只不过是伪陈述而已。它像是给人以真理，给人以心理上的满足，但实际上没有告诉我们任何东西。

为了进一步探明科学与形而上学的不同，我们下面再稍许讨论一些形而上学的实例，以便大家进一步理解形而上学的实质。

大家如果看过黑格尔的著作，如《小逻辑》、《自然哲学》等等，一定会感到它们如同老子的《道德经》那样"深奥难懂"，读了多遍也把握不清楚其中的关键词，如《小逻辑》中的"存在"、"本质"、"绝对精神"或《道德经》中的"道"等等。如果认为这些词太抽象，所以难于把握，那么我们再来看看那些本来很具体的词，看他们怎么说。例如，关于"电"，黑格尔怎么说呢？让我们打开他的《自然哲学》，看看他怎么说"电"吧。他说："电……是它要使自己摆脱的形式的目的，是刚刚开始克服自己的无差别状态的形式；因而电是即将出现的东西，或者是正在出现的现实性，它来自形式附近，依然受形式制约——但还不是形式本身的瓦解，而是更为表面的过程，通过这个过程差别虽然离弃了形式，但仍然作为自己的条件而保持着，尚未通过它们而发展，尚未独立于它们。"[1] 为了进一步了解黑格尔的辩证哲学怎样"理解"自然，我们不妨再看看他在《自然哲学》中怎样阐述"光"。关于光，黑格尔说："最初的、得到质的规定的物质是作为纯粹的自相同一性，作为自我反映的统一性的物质；因此，这种物质仅仅是最初的、本身还抽象的显现。物质在自然界里还特定存在着时，是对总体的其他规定独立的自相关联。物质的这种现实存在着的、普遍的自我，就是光。光作为个体性，就是星星；星星作为一个总体的环节，就是太阳。"[2] 看了这段文字，你弄清楚"电"是什么、"光"是什么了吗？我相信你是越搞越糊涂了。对比牛顿在《原理》中的论述，我们可以深刻地体会到科学与形而上学的不同。我们知道，科学要求一个理论阐述得明确而清晰，要排除那

---

① 黑格尔：《自然哲学》，商务印书馆1980年版，第305页。
② 同上书，第116页。

种含混不清的遁辞和模棱两可的机会主义伎俩。因为愈是阐述得明确清晰的理论是愈可检验（尤其是要具有可证伪性）的理论，而含混不清或模棱两可的遁辞总是可以逃避证伪而在事后解释得与任何检验结果相一致。像黑格尔关于"电"和"光"的这种如此含混不清、不可捉摸的言辞，使人完全弄不清他到底主张什么，因此实际上将不会有任何观察陈述可能与它发生冲突。然而，从科学的眼光来看，这种含混不清的理论，之所以让人感到它晦涩难懂，并不是因为它"太过深奥"，而是因为它实际上根本不曾对世界做出任何断言。正是因为它未曾断言，所以它才不可证伪；然而也因为它未曾断言，所以它未曾给我们以任何知识，实际上只不过是一通"胡说"罢了。科学可以做出预言，然后来设法检验这些预言。形而上学理论能做出预言并接受经验的检验吗？形而上学不可能具有这种功能。它的特点是通过概念的模糊性"变戏法"，在事后，对于任何现象做出模模糊糊、模棱两可的牵强附会的所谓解释，实际上都是一些伪解释。

所谓的伪解释，我们再来看看在黑格尔影响下的唯物辩证法如何来解释现象吧。我们且不说所谓的"对立统一规律"如何解释现象。因为这个辩证法"规律"承认"A 是 A，A 又是非 A"这种完全违反逻辑的说法。这可不是我强加给它的。它是明明白白地写在恩格斯的名著《反杜林论》"哲学篇"之中的。从逻辑的观点看，一个矛盾命题（如 A 是 A，A 又是非 A 这样的命题）恒为假。但是，如果我们承认这种违反逻辑的矛盾命题是可以接受的，那么，逻辑又告诉我们，矛盾命题蕴涵一切命题。因为，$P \wedge \overline{P} \rightarrow Q$。因此，从矛盾命题出发，可以得出一切结论，而不管这结论是阴性的，还是阳性的。几十年来，我们从意识形态部门的宣传中可以看到，这个"辩证法规律"，就像是魔术师"变戏法"的手段，任意两个相反的命题都可以被它论证为正确的，抑或是错误的，就看魔术师的需要罢了。我们也不去讨论所谓的"否定之否定规律"，因为这个规律把任何事物的发展过程都归结为肯定—否定—否定之否定这样的三个阶段，而第三阶段又仿佛是向第一阶段的回归（就像阴阳五行学说把万事万物的过程和性质都硬性地套进"五行"中一样）。像这样的"规律"，借其概念含混不清，肯定能套到一切事物中去，但"套"的时候，又一定牵强附会。例如，昆虫的生命过程是四阶段：卵、幼虫、蛹、蛾；又如，一年的季节有四季：春、夏、秋、冬。大家去看辩证法家的解释吧。他们一定能够"解释"，而且一定轻而易举，但也一定肤浅，而且一定牵强附会。在唯物辩证法中阐述得最清楚，也最像是一条规律的是所谓的"质量互变规律"。这条"规律"包含三个基本概念：质、量、度。它断言说，任何事物的运动都取质变和量变两种形态，量变都有一定的度的范围；如果事物的量变没有越出度的范围，那么它就保持质的稳定；如果量变一旦越出了度的范围，那么它就将发生质变。表面看来，它很像是一个自然规律那样的包含有丰富的经验内容的规律陈述，但实际上，这个所谓"像"，只不过是一个迷人的假象。它根本没有告诉我们，什么样的物质在什么样的条件下它的度是怎样规定的。因此，它根本不能预言什么样的物质在什么样的条件下将发生质变。反过来，当事后来对任何已知的事物的变化做出"马后炮"式的"解释"或"理解"，那么它总是可以无须研究而应付自如，毫不费功夫的：如果事物尚未发生质变，就可以"解释"说，那是因为它的量变尚未越出度的范围；如果事物已经发生了质变，又可以"解释"说，那是因为它的量变已经越出了度的范围。因此，它可以轻松自如地解释任何事情，而且将不会有任何可能的经验会与之相悖，从而给人以一种获得了"真理"虚幻的满足。然而，这样的形而上学"规律"，可不能对任何未知的现象做出预言，就像牛顿的理论曾经对许多深层的现象做出过清晰的预言那样。它只能对已知的现象作轻松的"马后炮"式的"解释"，而这种"马后炮"式的事后解释又有什么特点呢？那完全是特设性的或逻辑循环式的。例如，它可以毫不费功夫地"解释"在标准大气压力之下，纯净的水在0℃结冰，到100℃沸腾。其解释如下：因为水保持其液态的度的范围是0℃～100℃，所以一旦越出了这个范围它就发生质变了。但是，我们若反问一句："辩证法家先生，您怎么知道水保持其液态的度的范围是0℃～100℃呢？"对此，黑格尔式的辩证法家就会瞪大眼睛不屑一顾地回答说："根据事实呀！你瞧，大量事实证明，水在

0℃结冰而在100℃沸腾，这就表明它的度的范围是0℃～100℃。"但是，明眼人一看便知，虽然他在这里"引用"了事实作论证，实际上却是一个循环论证：他用水保持其液态的度的范围是0℃～100℃来解释水在0℃结冰和在100℃沸腾的事实，然后又用水在0℃结冰和在100℃沸腾的事实来解释水保持其液态的度的范围是0℃～100℃。但是逻辑告诉我们，这种循环论证等于什么都没有论证。它不告诉我们任何新的知识；这里的关于水结冰和沸腾的知识，完全只能通过别的途径得到。这种所谓的唯物辩证法的"解释"或黑格尔式的所谓"解释"，只能给人以心理上的满足，对于这种所谓的"解释"，完全用得上19世纪贝齐里乌斯在谈到关于生理现象的"活力论"解释时说过的一句话："即使在得到了此类解释以后，我们也仍如以前一样无知。"实际上，列宁自己就说过：辩证法是不允许套公式的，它要求"具体问题具体分析"。然而，恰恰在这一点上，使得它与科学有着严格的区别。科学是允许套公式的，通过套公式而演绎出具体的结论；尽管其结论是可错的，但却可由此来检验理论。黑格尔式的辩证法却不然，它不可能导出任何可检验的蕴涵。任何可检验的具体结论都不可能是真正从它导出的。因此，那些具体结论的错误也不可能危及那些作为前提的所谓"辩证法规律"。于是，黑格尔式的辩证法家就能够大胆地扬言，它是"放之四海而皆准的"，或它是"一万年也推不翻的"。因为实际上，它是根本不接受经验检验的，而又不是像数学和逻辑定理那样的重言式。所以，像以辩证法那样的用"质、量、度"来解释水的结冰和沸腾，虽然它所解释的是一种物理现象，但这种对物理现象的"解释"方式，不可能被写入物理学教科书，因为它完全是一种伪解释。如果有谁硬要对这种解释冠以科学的旗号，那么它无疑就是一种伪科学。大家对比一下我们以牛顿为例介绍过的科学的思考方式和以辩证法为代表的形而上学思考方式以及它们对现象的解释方式，就能比较出差别来了。对比之下，形而上学的思考方式不是更深刻，而是更肤浅、更表皮；形而上学对现象的解释方式不是更恰当、更有效，而是归根结底只是一种伪解释。像牛顿这样的科学家虽然也由于不慎终于也在一些问题上陷入形而上学的错误，但牛顿的这些即使未能摆脱形而上学的思考，也与那些纯形而上学家们的粗枝大叶的思考不在同一个档次上。牛顿对于自己的绝对时空观念毕竟还是想尽办法要去检验它，只是思考上的某种不慎和失误，才未能摆脱形而上学，而那些"专业的"形而上学家甚至未曾想到要对自己的形而上学观念进行哪怕是最初步的检验，他们只陶醉于能含含糊糊地、牵强附会地"套"住某些已知的事物，对它们做出某种实实在在的伪解释就心满意足了。这种差别，确实是"不可同日而语"的。

说完了这些，我们再捎带地说说被某些人一再宣称为"国粹"的中国古代形而上学。

中国的古代形而上学，包括《易经》和老子的《道德经》等等，篇幅繁多，它们被某些人一再吹捧为"东方智慧"。当然，我们不能说这其中没有智慧，但从另一方面说，它们却实在又明显的是智慧不足或智慧尚未健全地发育的表现。这里所说的智慧不足或智慧尚未健全地发育，首先表现在这些中国古代的形而上学中，始终缺乏精细思维和清晰表达的传统。精细思维和清晰表达这两者又是密切相联系的。清晰表达是要以深入而精细的思维为基础的。应该说，也正因为这些东西是缺乏精细思维和表达不清晰的，所以它们才成为不可检验的形而上学。我们暂且不去说《易经》，因为《易经》在当时完全是一种占卜的书。我们姑且先简要地讨论一下表述得似乎精细和清晰一点的老子的《道德经》吧。

《道德经》中的最关键的词是"道"，其次是"阴"、"阳"、"无"、"有"等等。试问，《道德经》中曾经对这些基本用词的含义有过任何清晰的交代吗？没有！我们倒是看到，老子在《道德经》中开宗明义就提出他的举世名言："道可道，非常道。名可名，非常名。"这就是说，在老子看来，"道"是不可以言说的，能够说出来的就不是他所指的恒常意义下的"道"了。但这就意味着，他所说的"道"，是不可传授和交流的，因为传授和交流总离不开语言。通过设想中的所谓圣人的"不言而教"？那就只能通过被传授者或交流对方的所谓"悟其道"！但通过悟，一百个人可能悟出一百零一种

"道"来，然而怎么知道这些被悟出来的"道"是什么，以及它们与老子所说的"道"是否相同？那仍然是"不可言"、"不可说"的。因为按照老子的说法，如果这些东西可以"道"出来，那就不是本来意义上的"道"了。于是，人们对于那些悟出来的"道"或老子本来所意指的"道"，始终只能是"莫名其妙"，或如老子所言，"玄之又玄，众妙之门"了。因此，老子所说的"道"是不可以也不接受经验事实的检验的，也不可能通过语义分析而判定其真假。它不包含真正可说的内容，怎么检验？本来，从《道德经》中的某些论述来看，"道"本来是要对世界做出某种陈述，因而它应能通过我们对世界的观察而获得经验事实而对之进行检验，正像我们从牛顿所创造的力学理论中所能见到的那样。但很遗憾，说到底，老子《道德经》中所说的"道"未曾陈述什么，因而是不可能被检验的；它无所谓真假。

实际上，对老子的"道"，是不可以解释的；一旦解释，就会导致悖论。我国有的《道德经》的研究者，往往通过他们的"研究"，"揭示"老子所说的"道"的多层含义，代替老子把"道"展开为丰富的内容，甚至把老子所说的"道生一，一生二，二生三，三生万物。万物负阴而抱阳"，也展开为"丰富的内容"，说老子在这段话里所说的"一"是什么，"二"是什么，"三"又是什么，从而来论证老子所说的"道"这个概念有丰富的内容。我们且不说老子在《道德经》里通篇没有说过他这里所说的"一"、"二"、"三"是指什么，研究者的那种无中生有的"扩充"有根据吗？我们仅仅指出，这些研究者的工作，显然存在着一个悖论：老子明明说了，"道"是不可言说的，能说出来的就不是"道"了，研究者也强调这一点；现在研究者却又把"道"展开为多层次的丰富的内容并说出来，那还能是"道"吗？按照老子本来的含义以及研究者所强调的"道"不可"道"的含义，研究者能说出来的"道"，那就肯定不是"道"了。这是一个明显的悖论，可以称作是"道德经的解释悖论"。

像这样的东西能被推崇为至高无上的、传颂千年而不变的"智慧"？确实，它的文字很美，这确实是一种难得的智慧，但就其内容的清晰表达而言，却确实不敢让人苟同。因为从逻辑上说，一个概念被提出来以后，就应当努力给予清晰的界定。如果一个概念模糊到不能给予名称，不能用语言表达，一旦用语言表达出来，就不是原来的那个"概念"了，那将让人如何把握此概念？试想，如果牛顿在其《原理》一书中对"力"、"质量"、"惯性"等关键词的意义不加任何界定，而只是强调这些词儿的含义"不可说"，一旦说出来就不是原来意义下所说的"力"、"质量"和"惯性"了，那样，牛顿理论还将成什么样子？它还能清晰地表述牛顿三定律吗？还能对世界做出那么多清晰的预言并接受实验观察的经验检验吗？牛顿正是警惕着不要陷入形而上学，这才充分体现出牛顿的智慧；牛顿偶尔不幸地陷入形而上学，这是牛顿思维中的不慎导致的失误，而不是他值得称颂的"深不可测的智慧"。科学需要真正的深思熟虑，而形而上学只是一些玄想而已，不管这些玄想是黑格尔的还是老子的。应该说，牛顿虽然陷入了形而上学，但比起黑格尔或老子的形而上学来，也还确实不可同日而语。因为牛顿总还是费尽心力地想出了水桶实验来检验他的"绝对空间"观念，只是某种失误，让他的这个实验并不能检验他的观念，而通过马赫的进一步深入分析，却又进一步证明绝对空间的观念实际上是不可能被经验检验的。而黑格尔或老子是连检验自己"理论"的观念都未曾有过，更不曾想过如何来检验他们的"理论"，他们只是懵里懵懂地陶醉在自己不着边际的玄想之中罢了。

当然，我们并不是要用牛顿的水准去要求两千多年前的老子。但问题是我们今天的后人还一个劲地吹捧这些形而上学的东西乃是"国粹"，是高不可及的"东方智慧"，直至今天还一个劲地对它顶礼膜拜，只想从它那里获得"了不起的"智慧，而全然不是对这些东西做认真的批判性的反思。中国文化两千多年来在儒道传统的影响下，确实是太少了一点对祖宗的东西进行怀疑和批判的精神。孔老夫子就只强调遵照古代传统，"克己复礼"、"吾从周"，对历史上的传说（诸如尧、舜、禹、汤的神奇传说）不加批判地"信而好古"；老子也一样，他想要恢复的是"小国寡民"、"鸡犬相闻，老死不相往来"的古老社会的原始状态。孔子和老子所做的，了不起是以他们未经批判地审度的、想象中的古代社会为标准，发泄了对现实社会的不满。在儒道思想的影响下，我们的祖宗们只知道守住传统，不太关注从进步的方向上对传统进行有深度的怀疑和批判，结果使中国文化的"国粹"，就只剩下两千多年前留下来的所谓"东方智慧"。悲乎？如果两千多年来，我们的祖宗们要是能够对先辈留下来的东西在实证的基础上进行深刻的怀疑和批判地思考，那么我们今天能看到的"国粹"就将会是完全不同并且丰富得多了。这种情况，古希腊的学者们好像与我们的古人非常不同。古希腊传统不强调循古而比较强调在怀疑和批判的基础上创新。仅从苏格拉底、柏拉图、亚里士多德三代师徒的关系就可以清晰地体现出这一点。苏格拉底没有摆出我是"宗师"的架势，他的名言是"我知道我无知"。柏拉图当然十分尊重苏格拉底的学问，在他的著作里，苏格拉底始终是对话的主角，苏格拉底的学问主要就是通过柏拉图的著作流传下来的。但柏拉图并不是只守住老师所传授的"道"，而是创造出了举世闻名的新的理论，他在知识论、宇宙论、形而上学、教育思想、理念论、社会政治思想等诸多方面都做出了流传后世的杰出的贡献。他于公元前 385 年借纪念古希腊英雄 Hekademos 的公园创办了一所学园，即 Academy。世称 Plato Academy，即柏拉图学园。这所学园直到被查尼丁大帝封闭，连续存在了近千年的辉煌历史，而它的深远的影响，即使在被封闭以后仍然如以前一样强大。迄今，在西语中，Academy 已成了专业学院、研究院的通名。如中国科学院，翻译为英语，就成为 The Academy of Science of China。柏拉图创办的这所学园开创了西方高等学校和研究机构的最初原型。在这所学园中，开设算术、几何、天文学、声学、语法、修辞等学科，但其教学方式却不以教师传授为主，而是以公开的讨论、交流为主要特征。柏拉图继承毕达哥拉斯的传统，在教学中特别强调数学的重要性，在他的学园门口就醒目地写上了如下大字：不懂几何者不得入内。柏拉图虽然自己在数学上很少具体贡献，但他的数学思想以及他所创办的学园对数学的重视，却吸引了古希腊时代的一代又一代的青年学习和研究数学的兴趣。以至于今天我们在中学时期所学的平面几何、立体几何、代数学、三角学等等这些数学内容甚至体系，在古希腊时期都已经被开发出来了。尤其像从柏拉图学园培养出来的公元前3世纪与前4世纪之交的欧几里得，他所写的《几何原本》一直被当作教材使用了2000多年。在我国，直到民国时期，一些著名的中学，仍然是以欧几里得的《几何原本》作为教材使用。而柏拉图的数学思想，还要更长久地影响后世，直至近代。柏拉图在知识论中区分了"知识"和"意见"这两种不同的观念形态。知识具有确定性，它来自通过智慧对客观存在的"理念世界"的反思；意见却只是人们从现象世界获得的变动不居的靠不住的主张。在柏拉图看来，数学知识是他所说的"知识"的典型。柏拉图认为，知识和美德不是来源于观察现象世界，而是来自于用智慧来反思独立于现象世界而存在的理念世界或形式世界。数学的对象是数、量、函数等数学概念，它来自形式世界，所以数学具有先天的确实性。后世的哲学家和科学家虽然不再接受柏拉图的理念世界，但对他认为数学所研究的"共相"或形式超越于我们所观察到的现实世界，数学的真理性不依赖于观察的检验，它们是先天为真的这种数学观念，却获得了后世许多哲学家和数学家的支持。直到近代，一些著名的数学家和哲学家，如康托尔、罗素、哥德尔以及著名的布尔巴基学派的数学家们，通常都持有柏拉图主义的这些观点。柏拉图尤其在政治学方面留下了不朽的著作。他的《理想国》一书虽然包含了他的哲学的各方面的思想，但也集中写出了他的理想国家的主要内容。在他的"理想国"里，由"哲学王"做最高统治者，整个国家分为三个等级：治国者、卫士、平民。在这样的国家里，治国者均是德高望重的哲学家。他认为，只有哲学家才能认识理念，具有完美的德行和高超的智慧，明了正义之所在，按理性的指引去公正地治理国家。他认为，这三个等级不是完全固定的。平民的后代如果聪慧，经过培养也可以进入治国者阶层；反之，治国者阶层的后代如果平庸而不作为，也可以降为平民。在理想国里，他强调由哲学王统治，是因为他认为"没有任何法律和条例比知识更有威力"。柏拉图的"理想国"完全是一个乌托邦，或者说是一个"梦"（正像马克思的以"各尽所能，按需分配"为目标的共产主义理想也只是一个乌托邦性质的"梦"一样）。如果真按照这个乌托邦实行起来，很可能会出现一个令人恐怖的专制独裁的极权主义国家。好在柏拉图自己也没有为他的"理想国"如何实现而做出实际努力，按照他的意见，这不过是理想或梦而已。当考虑到实际情况时，他就强调国家应当通过适当的程序制定宪法和法律。在他的著作《法律篇》中，他就阐述了"第二等好的城邦"。在那里，他就强调宪法和法律的作用，认为人类社会必须要有法律并遵守法律，否则他们的生活就会如同自相残杀的野蛮的兽类。柏拉图的这些思想，并不是像孔夫子或老子那样只是向后看，而是向前看的。它们尽管有局限性，但确实还是很了不起。

亚里士多德是柏拉图的最杰出的学生，尽管柏拉图是举世闻名的哲学家，但亚里士多德也没有拜倒在他老师的足下。他在柏拉图学园跟随柏拉图学习和工作 20 年，直到柏拉图去世才离开柏拉图学园。但他独立思考，独立研究，提出了不同于柏拉图的理论。用他自己发自心声的话说，那就是："吾爱吾师，吾更爱真理。"而柏拉图也深爱自己的这个有独立思想、一心钻研学问的门徒，称亚里士多德为"学园之灵"。亚里士多德可以说是青出于蓝而胜于蓝，他被公认为整个古希腊时代最博学的人物。他既是一个哲学家，又是一个知识广博的科学家，还是一名历史影响深远的教育家和思想家。他一生著述颇多，据说有几百种甚至更多，迄今流传下来的也至少有数十种之多。

亚里士多德不同意他的老师柏拉图认为知识来源于对先验存在的理念世界的反思，而是要来源于感觉经验，但他同时十分强调理性思维的重要性，在此基础上，他构建了一个研究自然的归纳－演绎模式。即认为，为了认识自然，必须首先观察大量的特殊的可观察事物或现象，通过归纳而得到普遍原理；然后，可以通过普遍原理而演绎出其他的可观察事实的命题，从而能解释或预言现象。在这种认识论观念的指导下，亚里士多德十分重视科学和生物学的实证性研究。据后人的考证，亚氏不但考察了许许多多植物的形态和品种，而且还解剖了 50 多种不同品种的动物，从而使他早在 2400 多年前，就已经知道了鲸鱼不是卵生的，而是胎生的。他在动物学的研究上，甚至已经按专题做专门的研究。在动物学方面，他不但写下了一般性的《动物志》，而且根据解剖按专题写了《动物之构造》、《动物之运动》、《动物之行进》、《动物之生殖》等专著。为了研究合理的思维，他还开创性地构建了形式逻辑的理论。亚里士多德创造性地构建的形式逻辑理论，对人类所做出的贡献，怎么估计都不为过。亚里士多德关于物理学和天文学的研究，在近代科学产生以前，一直为学者们所接受和坚持，原因在于它们与人们的直觉非常一致。以至于从哥白尼、伽利略、牛顿以来，科学家们必须通过艰难的努力，冲决亚里士多德观念的罗网，才能使近代科学得以产生出来。在这方面，有的学者怪罪亚里士多德阻碍了科学的发展，但实际上，对此应当作历史的分析。

由于有了由毕达哥拉斯、德谟克利特和苏格拉底、柏拉图、亚里士多德所开创的这个传统，所以古希腊时代的哲学、科学、数学、社会政治学、教育学等等方面，成果特别显著，深刻地影响了后来世界的发展。仅以数学而言，当时的学者们已经在算术、代数、三角学、几何学等方面达到了非常高的水平。举例来说，代数方面，当时的学者已经能求解多元高次方程，研究了圆锥曲线都是二次曲线，并且只可能有四种，三角学也达到了很高的水平。尤其是在几何学方面。几何学最初是在公元前 7 世纪之前产生于埃及，而后传入古希腊的。在泰勒斯（公元前 624 年—公元前 546 年，他的出生年月早于孔夫子近一百年）时代，在古希腊，就像在古埃及一样，几何主要还是一门用于测量（包括大地测量）的技术；有了一些公式，但未获推理证明。此后，古希腊人开始努力要使那些几何学中的法则（定理）给予逻辑上的证明。毕达哥拉斯（公元前 570 年—公元前 500 年，他的生卒年代略早于孔夫子）已在这方面做出了杰出的贡献。但直到欧几里得（公元前 325 年—公元前 265 年）之前，当时的所谓证明都不是系统的。有的学者从一些预设的前提出发，证明出几何定理 A，另一些学者又从另一些预设的前提出发，证明出几何定理 B。这些几何定理及其证明都是相互分离，不成系统的。而欧几里得在柏拉图的数学思想的启发下，却努力想要使几何学能从一些统一的前提出发，证明出所有的几何定理来。结果，通过坚持不懈的努力，终于于公元前 300 年左右，他完成了一项惊天动地的成就，写成了他的不朽的著作《几何原本》。欧几里得在《几何原本》一书中，给出了具有自明性的 5 条公设、5 条公理和 23 个定义，以此为前提，统一地和系统地证明出了包括平面几何和立体几何在内的 467 条定理，使得几何学成了一门逻辑严密、结构严谨的，堪称优美的学问。它往后成了其他任何数学理论得以建立的样本，甚至也成了建立其他严密自然科学理论体系的样本。当然，应当说明，欧几里得当时要求自己所建立的几何学公理系统中，所预设的公理、公设都必须是"不证自明"的，这个要求是有点过分。实际上，他的第五个设（即平行公理）并不那么具有不证自明性。根据现代数理逻辑，公理系统中，并不要求其中的公理都具有"不证自明"的性质，甚至也不要求所谓的公理的完备性。这是 20 世纪著名数学家哥德尔证明了不完备性定理以后学界才明白过来的。

与古希腊时代的思维方式和思维成果相比，我们确实应当看到我国古代文化的局限性。我们固然应当看到我国古代文化的成就，因而不必自卑。但确实也应当正视我国 2000 多年来的传统文化的缺陷，以便我们更好地进步。只有看到不足和问题，才能更好地进步。这是明摆着的事实，也是一种必要的思维方式。所以对于我国的传统文化，我不主张过分地去吹嘘它多么优秀，过分地强调要继承这些传统；相反，我倒是主张多作批判性的反思，以便我们合理地继承和合理地更新。传统也应当成为一种不断地改革和更新的过程。我们应当批判地思考，其中包括对传统文化作批判性的思考和变革，本身成为一种传统文化。爱因斯坦在说到中国传统文化时，曾言简意赅地指出："西方科学的发展是以两个伟大的成就为基础，那就是：希腊哲学家发明的形式逻辑体系（在欧几里得几何学中），以及通过系统的实验发现有可能找出因果关系（在文艺复兴时期）。在我看来，中国的贤哲没有走上这一步……"① 我想中国传统文化所缺少的正是爱因斯坦所指出的这两条，此外，还缺少了对自身文化作批判性思考的传统，或曰没有把批判性思考深深植根于自身的文化传统之中。

---

① 爱因斯坦：《爱因斯坦文集》（第一卷），商务印书馆 1977 年版，第 574 页。

第五章 我国科学界在划界问题上的混乱

在我国，由于划界问题长期成为学术禁区，因而我们迄今还在吞食着由于模糊划界问题而带来的历史苦果。这个苦果甚至表现在我国科学界在这个问题上的混乱。

我们且不说改革开放前在许多高等学校以及科研院所里，曾经不断地出现以政治冲击科学，甚至有领导地多次掀起反科学的浪潮。对这些反科学的浪潮，我国的科学界的主体常常是内心里反对和被动的，只有少数政治上的投机分子才表现出某种积极性。但这些少数政治投机分子由于与领导的意图合拍，所以常常能发挥出巨大的能量，并迫使广大群众无可奈何地跟着他们的脚步走，或者保持沉默，至少是无力反抗。

在本章中，我们着重讨论更为现实的问题，即在改革开放以后，我国科学界在这个问题上表现出来的种种混乱。这种种混乱，既有以科学的名义鼓动伪科学，混淆视听的；也有使劲地挥舞着"反对伪科学"的大棒，乱打棍子，结果伤害了真正的科学探索的。从总体来看，前一种情况常常是媒体造成的，后一种情况则常常是科学界中的某些人与媒体联合，互为所用造成的。

我们曾经指出，要区分伪科学理论与伪科学行为这两种不同的东西。伪科学行为的目的通常并不是想构建某种无经验内容的"理论"来冒充"科学理论"，而是在宣称自己做出了某种科学理论或实验的"新发现"的时候，通过某种魔术师般的障眼法手段来作伪，以假乱真。伪科学行为通常有某种自觉的不正当的意图，这种行为所涉及的是法律和伦理问题。判定伪科学行为需要通过认真严肃的经验调查的方法来予以认定，然后通过伦理的、行政的甚至法律的手段来予以谴责或制裁。而伪科学理论则是某些本身只是非科学的理论（如形而上学理论、宗教神学理论）为自己贴上"科学"的标签，来冒充科学。要判定某种理论或命题是否为伪科学理论或伪科学命题，主要是要通过语义分析的方法，看它是否具有经验内容或者是否是由分析命题所构成的重言系统。如果它们两者都不是而又要冒充科学，那么它们就是伪科学。提出伪科学理论者，固然有可能抱有某种不良的意图，但更常见的则是提出者或者拥护者本人缺乏科学与非科学划界的知识，误认为自己所提出或者拥护的某种实质上非科学的理论乃是一种"真正的科学理论"，因而常常是一种不自觉的行为。判别某种理论是否为伪科学理论，常常是学术范围以内的事情。伪科学行为与伪科学理论是两种不同的东西，但有的人很可能两毒俱全。例如，在我国曾风行一时的伪气功师，他们既提出伪科学理论，又通过各种弄虚作假的行为以行骗，以显示他们的功法如何有效来蒙蔽不知根底的人们。

为了结合实际说清楚相关问题，我想不如先说说我所经历的那些事，以便把有关的观念说得比较有血有肉而不至于太抽象。

自 20 世纪 80 年代初期以后，在我国先后刮起了人体特异功能和气功大师们的听起来让人诧异的两股风。由于它们听起来令人诧异，所以我也曾在繁忙的工作中抽时间关注了一下。大概是 1980 年或是 1981 年的夏天吧，广州市心理学会在中山大学附属小学举行了一次特异功能测试与表演，我的邻居物理系的李先枢教授约我同去参观。测试活动就在小学的一间教室里进行，被试都是小学低年级的学生。测试的内容多为耳朵认字、手掌认字、胳肢窝认字，甚至肚皮认字等等。最初我们纯粹作为旁观者，看到有的小学生"功能"很强，有的出错率高，还有的小孩子有作弊行为。旁观了大半程，我们干脆与心理学会的朋友们商量，参与到测试者的行列中去了。我们只专注于几个"功能"强大的小学生，并对他们进行观察和测试。其中有的现象很是惊人，而且在我们看来，在我们的严格的监视下简直没有作弊的可能，因而令我们十分惊讶。例如，有一位男孩，手掌认字"功能"特强。他能把双手套在很厚的帆布套筒里面，依靠手指或手掌认出字来。为了避免由于用铅笔写字以后，纸面上留下凹凸不平的印痕，小孩子利用灵敏的手感"摸字"，而不是像眼睛那样"认字"，我们特意从校长办公室借来了 6B 铅笔，轻轻地在一张小纸上写了"工、王、五、卫" 4 个笔画简单而形态相似的字，卷起来后塞进帆布套筒放到了小孩子的手上。小孩子是不许把手拿出套筒外来展开那纸条的，而是只能把手放在套筒内用手去"认字"。大约仅过了一两分钟，那小孩抬头望着我们说："叔叔，我认出来了。那是工、王、五、卫四个字。"我们要他把这四个字写在黑板上，那小孩果然一字不差地把那四个字写在黑板上了。还有一个小学生能把紧塞在密闭的薄铝小圆筒里的小物件认出来，并说出包装纸的颜色。她告知说："叔叔，那里面放的是一颗糖。"我们问："它外面有东西包着吗？"她回答："有的。有糖纸。"我们问："是什么样的糖纸？"她说不出来，用手指着玻璃窗说："像玻璃窗一样的纸。"我们问："有颜色吗？"她回答："有的。有红的、绿的、白的。"听到这些回答，我们真的很吃惊。大约到下午 4 点半钟左右，广州心理学会宣布测试活动结束，而李先枢先生则还意犹未尽，邀请我继续留下来对那几个"功能"特别强的小学生，借校长办公室继续做测试。我们从小学老师那里借来了几只黑色的塑料墨盒和其他一些小东西。在校长办公室我们和孩子们面对面地围成一圈，我和李先枢则坐在一张桌子的后面，能够清楚地看到小学生的动作，而小学生则看不到我们在桌子下面向墨盒里装东西的动作。我们分别在黑色小塑料盒里装进火柴棍、大头针、回纹针、花生米等等，分次给相关的同学并规定他们必须轻轻地接住，不许摇动墨盒，要求他们回答里面装着什么，有多少。令人惊奇的是，小学生们大都能回答正确，包括数量（当然也有错的）。有一次，李先枢先生脱下手腕上的有黑色尼龙表带的手表，塞进一只塑料墨盒里，要求学生把手臂伸直，手掌向上，张手接住那只墨盒后手掌不再握紧，也不能把手缩回去。李问学生："盒子里面装的是什么？"过一会儿学生答："是手表。"李问："有表带吗？"答："有。"李问："是什么颜色的？"学生答："黑色的。"李问："现在表上是什么时间？"学生答："是 5 点。"李先枢站起身，走到学生前面，不移动手表，就在学生手掌上打开墨盒的盖子，向学生指出：

"你对表上的时间读数读错了。"因为李先枢怕学生能估计出当时的时间，事先把表上的指针调整过了。在对学生们测试结束以后的回程路上，李先枢感慨万分，一个劲儿称"不可思议"。他还向我复述："其实那学生对表上指针的读数虽然搞错了，但是如果按通常习惯，把正前方看作12，把正下方看作6，那么那学生是说对了。"接着他十分感慨，"今天的情况，对我的专业知识是严重的冲击。你知道我是搞光学的。学生能见到盒子里的颜色，这说明他借助的还是可见光波段。但可见光不可能有这么大的穿透能力。不可思议，不可思议。"他还分析了其他不可思议的情况，直到我们到了家门口，他还兴奋地回味着今天看到的奇特场景，最后，他还留下了一句话："老林，你看这个问题是否值得搞。"我简单地回答说："难度有一些。仅凭今天看到的，虽然令人惊奇，但难有结论。"因为当时我已经知道，在北京，有人（包括我的朋友）做实验，高速录像，再放慢镜头，就显示当时"功能很强"的某小学生是作弊的，这作弊行为用肉眼看不出来。此外，我也向老李表述了另一个顾虑：解决实验的可重复性问题的难度很大。李先枢兴趣还是不减，而且夸奖我的一些想法很适合做物理研究，于是，进一步提议，由他去申请一笔经费，由我们两个人合作来进行这项研究。我思考了一下，没有同意。主要是出于以下两种考虑：

第一，当时我正忙于写作我的《科学研究方法概论》那本书，而且首先要赶紧在校内把它油印出来作理科研究生的教材使用，也可作我们本专业研究生的教学参考书。因为我在中大讲课，从来不用官方规定的教材。对那本官方教材，我看了一遍以后，觉得它完全不可用，就把它丢在一旁，也没有要求学生买那本书，在课程中我只讲自己研究后编写的那套东西。因此编写此书在时间上有点紧迫性，我怕一旦进入特异功能的研究，就会影响我的那本书的研究和写作。此书后来在1986年夏天作为"全国自然辩证法师资培训班"的补充教材使用，并且与该培训班上作为正式教材的那本"官方教材"在观念上全面冲突，引起争论。由于那个培训班上的学员大多数是理科出身，他们大多赞成我的观点而不同意"官方教材"的观点，这在很大程度上迫使那本"官方教材"于第二年，即 1987 年做了很大的修改。

第二，我十分担心在特异功能的研究上，观察的可靠性和可重复性这个问题难以解决，可能花了大把时间以后，无功而退。我当年已经四十好几了，掂量之下，怕花费不起这个时间。

但是在内心里，我还是认为，特异功能的研究是很有意义的。我不认为只要揭露出实验中有的人作假，就可以完全否定这项研究。问题在于要努力辨别真伪。我曾经在课堂上对研究生讲，100 个宣称有特异功能者，其中有 99 个是弄虚作假的，但只要有一个人是真的，这件事就价值非凡了。

我也不同意如某院士所做的那样，借着指出人体科学的实验不具有可重复性，就完全否定它的价值，甚至由此指责它们是"伪科学"。因为在我看来，作为一个我国科学院的院士，这样来看待问题，实在是很令人吃惊的。后来，我就以比较超然的态度，以我所构建的"因果关系的模型化理论"为基础，从纯粹方法论的角度上阐明了如何看待"实验结果不可重复"这个问题。就在拙著《科学研究方法概论》一书中，我用了近 100 页的篇幅来阐明我所构建的"因果关系的模型化理论"（该书第四章），然后我在该书的第五章第六节"重要的是把实验和观察当作理性活动来把握"中，专门就怎样看待"实验的不可重复性"这个问题做了补充阐释。在那里，我指出："作为一种补充，我们有必要讨论一下：如何看待'实验出了毛病'或'实验的失败'这个问题，特别是要谈谈如何看待'实验的不可重复性'这种失败。"我所阐述的内容大致如下：

"在从事实验研究的时候，经常会出现实验的结果不稳定，某种结果时而出现，时而不出现，也就是陷进了'实验结果不可重复'这种尴尬的局面。如何看待实验中出现的这种情况呢？通常认为，一个实验不可重复，即在满足了所给出的条件以后，它的结果不稳定，时而阴性，时而阳性，就被认为这种结果没有意义，从而也就认为这种实验是一种失败的实验，有人认为这种实验结果是不屑一顾的。例如，科学中常用实验来检验理论。设有某种理论 T，根据这种理论 T

认为，当我们给出一组条件 C 以后，应有某种现象 P 出现。现在，假定有一个科学工作者企图用实验来验证这一理论。通常如果我们按理论给出了这一组条件 C，果然在实验中出现了理论 T 所预言的现象 P，那么这理论 T 就得到了实验的支持或确证。如果我们在给出了这一组条件 C 以后得到阴性的结果 $\overline{P}$，即预期的现象 P 并不出现，那么就'证伪'了这个理论 T。在这两种情况下，实验都得到了肯定的、有意义的结果。但是，假定有一个实验工作者，当他给出了这一组条件 C 以后，在所做的各次实验中，现象 P 时而出现，时而不出现，即时而得到阳性结果，时而得到阴性结果。那么从他的这些实验中能得出什么结论呢？他的这些实验到底是确证了这个理论还是否证了这个理论呢？又如，假定有一位科学家甲宣布了一项新的发明，认为某一组因子 M 是产生结果 a 的原因，因为他在满足了一组因子 M 的条件下，生成了（或观察到了）这一结果 a。另一位科学家乙为了检验科学家甲所报道的新发现，他也给出了这同一组因子 M，但在他的实验中（或观察中），只有偶然的一次得到了结果 a，其他场合下却始终得不到所预期的结果 a，为此，这位科学家乙非常沮丧，因为他既不能肯定，也不能否定科学家甲的发现，从而认为自己的实验不成功。怎样看待这种失败呢？"

"当然，这种时候，首先应当检查核实所设定的这一组条件 C 或这一组因子 M 是否在实验中切实得到了满足。因为实验中经常发生技术上的错误，例如，实验装置出了毛病，试验样品、试剂不合规格或者已经失效，等等。如果经过检验核实，技术上没有毛病，所给出的条件 C 或因子 M 在实验中确实已经得到了满足，那么你千万不要为此沮丧，因为伟大的发现正在等待着你呢！在第四章中，我们曾经讲过一个公式：$C_e \rightarrow a$，其中 C_e 为'全因子'，a 为某一现象，'全因子'即为产生某一现象 a 的全体真因子（真因子乃是产生现象 a 的必要条件，即原因）的合取。在实验中，常常除了受控制的一组条件 M（或 C）以外，还有另一些数量巨大的条件未受控制，其集合以 Z 表示。由于集合 Z 是未受控制的，因此 Z 中的元素是变动不居的，其中有的元素时而出现，时而不出现。在任何实验中，处理实验时通常都要引进'其余条件均不变'的假定，即假定：除了受控制的这一组条件 M（或 C）以外，其余条件均不变，或其余的这些条件的变化均不影响现象 a 的发生（即假定 Z 中的因子都不是现象 a 的真因子）。所以如果 $M = C_e$，则当我们在实验中满足了一组条件 M 时，现象 a 必然发生。但若 $M \neq C_e$，且 $C_e \nsubseteq M \cup Z$，则由于这时 C_e 未被满足，所以现象 a 就不出现。但由于 Z 是未被控制的，所以若 Z 出现某种变动使满足 $C_e \subseteq M \cup Z$ 时，现象 a 就出现了。这就表明，在未加控制的 Z 中有某个或某些因子是现象 a 的真因子，我们应当努力去发现对产生现象 a 起作用的未知的真因子 $A \in C_e$，从而在科学中做出重大的发现。因此，在检验理论的场合下，我们就可以有十足的理由指出，原有的理论 T 是大有毛病的。因为它预言只要满足一组条件 M 就可以产生现象 a，实际上 $M \neq C_e$，还必须加上新发现的真因子 A（可能是若干新发现的真因子的集合）才能产生现象 a，即 $M \cup A = C_e$。于是，你就可以建立更好的理论了。所以，当出现实验不可重复的局面时，只要不是技术上的错误，那就意味着新的发现已经走近了你的身边。你不应当沮丧，而应当高兴。把精神振作起来去抓住这个发现的机会。许多有造诣的科学家都有这方面的经验和体会，虽然他们不一定能从因果逻辑上来讲清楚这里面的道理。贝弗里奇曾经谈道：'在已知因素未变的情况下，如果实验的结果不同，往往说明是由于某个或某些未被认识的因素影响着实验的结果。我们应该欢迎这种情况，因为寻找未知因素可能导致有趣的发现。'所以，他说：'正像我的一位同事最近对我说，正是实验出毛病的时候，我们得出了成果。然而我们首先应该知道是不是出了错误，因为最常犯的是技术上的错误'[①]，如果能够判明并非由于技术上的原因而导致实验结果不稳定，那么就能判定其中必有未知的真因子。所以，英国著名的化学家戴维曾深有体会地说：'我的那些最重要的发现，是受到失败的启示而做出的。'"

在拙著《科学研究方法概论》一书中，我没有针对特异功能研

---

① 贝弗里奇：《科学研究的艺术》，科学出版社 1979 年版，第 17 页。

究发表意见，因为在那种混沌状态下我自认为不能发表意见。在当时，我确实不满意于各地很多单位很多人一窝蜂地涌上去搞特异功能研究，而且常常在没有任何可靠的结果之前就在媒体上大肆宣传。在这个问题上，我后来听说，胡耀邦同志有指示，意思是说："人体科学研究不争论，不宣传，让少数人进行研究。"我认为胡耀邦同志的这个指示是十分正确和及时的。以当时的状态，特异功能、气功研究确实是不宜宣传，也不宜于争论的，特别是在公众媒体上。不然，就可能影响科学的严肃性，而且容易搞乱人们的思想。在当时，最关键的是要让人以求真务实的态度，做认真的探索，特别要能做出可重复性检验和链条式检验的实验成果出来。当然，这可能是需要人们静下心来长期研究才可能做出来的事，切不可在这个问题上有任何的浮躁情绪。可惜后来不论是媒体也好，官员也好，相关的科学家也好，多未能按照胡耀邦同志的意见办事。许多媒体急于在这方面做报道；许多高官们当事情还处在一片迷雾之中时，就忙于接见那些"气功大师"；而相关的科学家们，无论是直接介入人体科学研究的也好，对此类研究持批判态度的也好，似乎都有某种浮躁或急躁的情绪。

从我后来所看到的有限情况而言，似乎只有清华大学的三位教授是持比较冷静的态度的，尽管他们对相关研究的意见不一样。这三位教授分别是：清华大学化学系的李升平教授、清华大学生物科学技术系的陆祖荫教授（后转到了中科院）和清华大学化学系主任宋心琦教授，前两者是以著名气功师严新作为被试进行科学实验研究的学者，后者则是对前两者的实验研究是否足够严谨提出意见的学者。但这三者的意见都比较冷静，而且都不是主动向媒体透风。前两者是在媒体上遭批判、被扭曲真相以后被迫摆事实以求对真相做出澄清；后者也只是实事求是地对气功的实验研究中的不足之处和严谨性提出自己的意见，这种意见在我看来应有利于实验者进一步的思考以改进研究工作，实际情况也是如此，从陆祖荫教授的一次谈话来看，他是很重视宋心琦教授所提出的意见的。这种不同意见的交流应是很正常的，不若某些人急于对李、陆等教授的研究以及仅仅作为被试以配合李、陆等教授做实验研究的严新做上纲上线的、包含人格侮辱在内的可怕的批判，而有些媒体竟然还从"政治的高度上"支持这样的批判。

从我国科学界对所谓的"伪科学"的批判来看，也充分体现出我国科学界中的某些著名人物对科学与非科学的"划界问题"看法上的模糊和混乱。试举几例：

（1）有人试图以是否违反科学中的基本原理来划分科学与伪科学。例如，中科院院士何祚庥先生一再以此为根据来"高举"反对伪科学的"大旗"。如，2004年12月2日，《光明日报》报道说："中国科学院生物物理研究所研究员徐业林发明的'无偏二极管'，陆续获得了俄、英、美、中四国的发明专利……在不需要外加电能、化学能、太阳能等能量的条件下，只要环境温度高于负273℃，该器件就能奇迹般地输出直流电流……这将是一种取之不尽、完全没有污染的新型能源。"针对这一报道，同年12月9日，方舟子在《北京科技报》发表《永动机神话为何重现江湖》一文，将"无偏二极管"以制造"永动机"为由，打成伪科学；接着，何祚庥院士也指责徐业林的实验违反能量守恒定律和热力学第二定律，因而是伪科学。何祚庥院士在对《晨报》记者谈到自己对"无偏二极管"的"打假"时说："这就是永动机，他的文章里就写上了永动机。他的理论就是说能量可以无限释放，这是违背热力学第一和第二定律的。他说他的能量取之不尽用之不竭，因此我说他的成果是永动机，而国际上公认永动机是伪科学。"

问题是，像何祚庥、方舟子这样地来反对"伪科学"行吗？我们在本书前面曾经指出，科学与非科学的最基本的区别就在于是否可检验，仅当非科学的东西要冒充科学的时候，才成为伪科学。从这一条标准来看，没有任何理由可以指责无偏二极管是伪科学，除非徐业林在实验中作偷梁换柱式的伪造，那就属于伪科学行为，但迄今为止并没有这方面的任何证据；相反，已有证据表明，他的实验是可重复的。如果是这样，那就表明，徐业林的无偏二极管的创造发明是有重大价值的。更有甚者，如果按何祚庥、方舟子的标准，即以是否违反既有的科学基本原理来划分科学与伪科学，那将造成什么后果呢？那将势必使科学中既有的理论和原理变成不可移易的僵死的教条。按照这一逻辑推理下去，那么 20 世纪的那些重大的科学革命性成果，都不可能产生，因为那些重大的革命性事件都应被当作"伪科学"而压制下去。首先，卢瑟福的原子嬗变理论就应当当作"伪科学"压制下去，因为它违背了在 19 世纪"原子不可再分"的科学基本原理。其次，爱因斯坦的相对论也应当当作"伪科学"压制下去，因为它违背了当时公认的牛顿力学的基本原理。再次，量子力学也应当被当作"伪科学"压制下去，因为在已被接受的背景理论中，它实在是"太背理"了，在当时的背景理论之下，决定论因果律才是科学家们共同接受的"基本规律"，非决定论在科学家们看来是不可思议的，甚至连爱因斯坦也不接受非决定论观念。回顾历史，在科学的历史上，通过对科学背景知识的分析而提出的科学问题，特别是基础自然科学中的问题，通常总是以否定的形式向当代的科学理论提出疑难和诘难。这种疑难和诘难有时甚至带有极大的挑战性，动摇了那一时代科学的根基，以致被某些人称之为"灾难"和"不祥的乌云"，由此造成了科学的危机。但提出这样问题的，并不是伪科学，而是导致了科学的进步。怎么可以简单地说违反了科学中已被大家接受了的"基本原理"就是伪科学呢？

再退一万步来说，提出违背能量守恒定律或热力学第二定律的观念，是否就会像何祚庥院士所认为的那样，被科学界"公认为伪科学"呢？且看历史：当放射性元素，特别是居里夫妇发现了镭以后，严重冲击了能量守恒定律。当时的科学界普遍认为能量守恒定律被推翻了，以至于普恩凯莱在其《科学的价值》一书中不得不花大力气分析这一现象。但能不能认为那些倾向于否定能量守恒定律的科学家是搞"伪科学"了呢？没有的，普恩凯莱非常冷静地分析了这些现象却从来没有挥舞过棍子和帽子。当时，也有科学家是要维护能量守恒定律的，然而也困难重重。著名科学家开尔文勋爵为了维护能量守恒定律，而不得不违背他自己参与创造的热力学第二定律，硬说那镭块不断释放的热量是从它周围得到的。能不能说开尔文这样做也是

"伪科学"了呢？仍然是不可以的。如果说这段故事已历时久远，那就再看看 20 世纪 20 年代末到 30 年代初的故事。在当时，β 衰变的实验是物理学研究的热门课题。但在 β 衰变的实验中却又闹出了冲击能量守恒定律的大事，因为在 β 衰变的实验中，科学家们测量到原子核所释放的能量大于电子所带走的能量。这个实验是可重复的。但这种可重复的实验仍然是可以受指责的，因为电子所带走的能量是在离开核一段距离以后才被测量的，电子离开核以后那一段距离内所可能损失的能量并没有被计算在内。于是科学家们被迫设计并实施热值实验。但结果仍然如此。这样一来，许多科学家就并非无端地认为 β 衰变实验的测量结果证伪了能量守恒定律，包括著名物理学家尼尔斯·波尔也如此。尼尔斯·波尔认为，能量守恒定律很可能是一个统计规律，它在宏观现象中能够成立，但在微观现象中却未必。但能够认为包括尼尔斯·波尔在内的许多科学家是在搞伪科学吗？显然不能这样认为，科学界也没有这样认为，因为这仍然是一种探索。关于能量守恒定律与 β 衰变测量结果相矛盾这个问题，要直到年轻科学家泡利于 1931 年提出中微子假说以后才被解决。尽管中微子要到 20 世纪 50 年代中期后才被"发现"它的踪迹，但能量守恒定律在这 20 多年时间里就是靠中微子假说而得到了维护。尽管由于中微子的特性，甚至泡利本人都担心中微子可能是永远也检测不到的，但通过语义分析，就可知道，中微子假说还是具有可检验性的，因而科学家们还是接受了它。如果中微子假说如同任何形而上学理论那样实际上是不可能接受经验检验的，那么中微子假说就不具有科学的性质，如果真要宣称它是"科学的"，那么它就将成为伪科学。在这一点上，泡利以及当时的科学家们都是很清楚的。从这一点看，泡利的中微子即使迄今还没有被检测到，也不会被认为是"伪科学的"。故事再往前讲，早在 19 世纪，当热力学第二定律刚提出不久，著名科学家麦克斯韦就怀疑热力学第二定律的确实性，于是设计了著名的麦克斯韦妖的思想实验。如果麦克斯韦妖的思想实验是能够实现的，那就相当于第二类永动机是能够实现的。那么，从今天的眼光看来，能否说麦克斯韦提出的麦克斯韦妖的思想实验是"伪科学"了呢？实际上绝不是，相反，麦克斯韦妖的设想曾经对科学的发展起过巨大的推动作用。我们把故事再往后看，距今仅两年多以前，在意大利某实验室工作的一群科学家宣称观察到了中微子的超光速现象。那个实验冲击了爱因斯坦相对论的基本假定：光速是极限速度。这也是当前科学界所公认的基本原理。能否以此把那些宣称观察到中微子超光速的科学家简单地打成搞伪科学了呢？没有科学家会这样认为。中微子超光速的实验最后被证明是错误的，但做出了错误的实验也不等于搞伪科学。然而在我们国家，反对伪科学，却完全成了另一个样子。例如，徐业林研究员的无偏二极管研究，迄今并没有哪个个人或哪个机构证明徐业林研究员的实验成果是错误的；相反，却有证据表明他们的实验是可重复的。但在我国，何祚庥院士和方舟子先生却仅仅"依据"该实验成果违反能量守恒定律或热力学第二定律就把它打成了"伪科学"。迄今，科学与伪科学的界限，尽管在理论上更深入地追究起来还有困难，但总体上它还是清楚的。只是我国科学界在这个问题上，实在是缺课太多了。何祚庥院士自称是一名科学哲学家，而且自认为"我现在做的事情，从某些方面来讲的确是不可替代的，因为既懂马克思主义又懂当代科学的人实在不多"。然而他在一系列科学哲学问题上的表现，却实在让人不敢恭维；说到底，他在科学哲学上，简直有点无知，充其量，何先生的哲学功底只停留在"拥抱"列宁的《唯物主义和经验批判主义》的水平上，而在《唯物主义和经验批判主义》里，除了粗暴就是打棍子，唯独没有科学哲学的半点水平。方舟子先生和何祚庥先生用他们的缺乏根据的标准挥舞大棒，实际上是乱打棍子。他们乱打棍子，可能会恰好打到了一些该打的人，但就总体而言，其作用是负面的。其主要结果只能是抑制科学思维，在科学中推行最坏的教条主义。实际上，即使对于像所谓的"水变油"的事件，也不能像他们那样地以所谓的"违反能量守恒定律"来打成"伪科学"，而是应当集中于揭露其中是否有偷梁换柱的作伪行为。如果没有，那就应当予以尊重，至于其中的机理，正如无偏二极管的机理一样，那是有待研究的另一回事。但绝不能简单地以违反能量守恒定律为由，胡乱就把它们打成"伪科学"。何祚庥院士以这样的方式乱打棍子，已非今日始。早在 20 世纪 80 年代，他就已经以这个方式对人体科学研究乱打棍子，弄得我这个当时对人体科学研究持远离态度的人，也不得不以超然的态度对他的那种打棍子的方式进行了委婉的批评，以正视听。就在我于 1986 年 2 月出版的《科学研究方法概论》一书中，我就针对当时的"特异功能"研究从科学方法论上说了如下的话："一个假说虽有观察经验的支持，但是如果它与已被接受的具有高度似真性的理论相冲突，那么这种假说连同它的支持证据的可信性，都可能受到极为不利的影响，以致遭到某些科学家的断然拒绝。恰如当前关于所谓'人体特异功能'的种种假说及其'支持证据'那样。但是，因与已被普遍接受的具有高度似真性的理论相冲突而拒斥一种新的，有一定证据的假说，必须十分谨慎，否则必将使科学活动变成一种纯粹保守的事业，使现有理论变成为一种神圣不可侵犯的、永远不可被推翻的绝对保守主义者的教义或圣经，那将无疑会阻挡科学的进步。"我的最后那段话，差不多就是针对何祚庥先生当时的乱打棍子而说的。请问何祚庥、方舟子等先生，你们如何证明，一个假说或理论，只要违反了能量守恒定律或热力学第二定律就是伪科学了呢？我相信你们的论据只能有一条，那就是这些定律是已经被大量事实证明了的。这就意味着，你们认为，通过大量事实的归纳，就能证明一个普遍原理的不可移易的真理性。在这背后就是一个深刻的哲学问题，即归纳问题。请教，你们如何解决归纳问题呢？何祚庥院士自称是具有"不可替代作用"的科学哲学家，总不可能不知道"归纳问题"吧？但看来他们在这个问题上不曾有过多少思考，这才让他们在科学、非科学、伪科学的问题上搞得如此混乱。但可怕的是，他们这样的一些不入流的东西，竟然还能搞乱我国的科学界，包括著名的、在学界有较高声望的《中国科学报》。而这正反映了我国科学界在划界问题上的思想混乱。

（2）有人试图以论文是否发表在科学界有影响的刊物上作为研究成果是否有价值的根本标志甚至唯一的标志。我们仍以两位院士的观点作为典型实例来解剖。试看：中国航天部高级工程师蒋春暄以他于 1992 年在《潜科学》杂志上的两篇论文为依据，宣称他先于英国数学家怀尔斯证明了费尔马猜想。何祚庥院士则明确地宣称："蒋春暄如果证明了费马大定理，应该投到有正规审查人的正规科学杂志发表。通过审查认为是科学的，才能发出来。蒋春暄没有（在正规的刊物上）发过，就证明他的理论连起码的科学价值都没有。"我这里不去评价蒋春暄在怀尔斯之前是否真的有效地证明了费尔马大定理，这是需要有才能的数学家予以严格和仔细地审核的。我只想在此对何祚庥院士对科学研究成果（基础性研究成果）的评价标准做出讨论。何祚庥院士未曾对蒋春暄的成果进行审核，或请别的数学家进行审核，仅仅依据蒋春暄未曾在他认为的正规刊物上发表，就认定蒋春暄的成果"连起码的科学价值都没有"。无独有偶，另一位中科院院士王志新也持有几乎相同的观点。王院士特别强调应以 SCI 收录杂志的影响因子来评价论文的科学价值。我曾有拙文讨论过科学理论的评价问题，并被收录进了由两院院长朱光亚、周光召主编的《中国科学技术文库》之中。我也在我的拙著中较详细地讨论过这个问题，这里不再赘述。我在此想说的是，对科研成果的价值评价应看对科学的实际贡献，发表论文的刊物档次或 SCI 收录杂志的影响因子只可提供参考。如果按何祚庥院士或王志新院士所主张的那样，就会扭曲了科研成果的评价体系，产生严重的不良后果。科学的历史以及现实中的情况也完全不是如他们所说的那样。试看：

　　孟德尔经过了 8 年的豌豆杂交实验，终于发现了遗传学中的两个基本定律——分离定律和自由组合定律，统称为孟德尔遗传定律，其价值可谓至伟至大。但他承载其伟大成果的论文《植物杂交试验》却是刊登在一家不知名的刊物上。虽然由于孟德尔的论文发表在一家不知名的刊物上，加之它的内容过于超前，因而不被权威所认可，但在 35 年后，终于通过欧洲三位不同国家的科学家分别重复豌豆杂交实验而确证了孟德尔的成果，终于让孟德尔的伟大成果重见光明。

　　众所周知，19 世纪法国年轻的天才数学家伽罗瓦创建群论，对数学做出了杰出的有巨大历史意义的贡献。但他的杰出的贡献却几经磨难，他的论文在审查前就被法兰西科学院两次丢失。直到他 20 岁那年，他的成果《关于用根式解方程的可解性条件》终于获得了法兰西科学院的第三次审查的机会，但他的杰出工作却被包括泊松在内的权威科学家们所否定，第二年他就去世了，他的成果甚至未能在公开杂志上公布过。由此可见，一项研究工作的价值是与它的成果（如论文）相联系的，而不是由刊登它的刊物或若干权威的认可来决定的。虽然后者对研究成果的命运常常是具有决定作用的。为了说清这个道理，我们不妨再来说一个现代故事。

众所周知，俄罗斯数学奇才格里高利·佩雷尔曼因破解庞加莱猜想而于2006年获世界数学最高奖"菲尔茨奖"。但他的论文是发表在网上。而且这位性格古怪的奇才还不按"共同体"的规则办事，他竟然拒绝去西班牙领奖。试问，我们能够不从科研成果的价值载体（如论文）本身去评价它的价值，却非要排除价值载体本身而独独强调论文的载体或若干权威者的意见为唯一的或最高的标准吗？这样做合理吗？当然一篇科学论文的价值是要通过时间在科学发展中来显示的，所以对一项科学成果的价值评价不要急躁，更不能浮躁。看来，像何祚庥院士那样急于立竿见影地对某些科研成果作评价，并把它们打成"伪科学"，是过于急躁也过于浮躁了些。这样做，也许在乱打中也有偶然命中的，但从总体而言，消极后果会比较多。

（3）如前所述，有人借着指出"人体科学"的实验以及所谓"冷聚变"实验不具有可重复性，就完全否定它们的价值，甚至由此指责它们是"伪科学"或至少是"病态科学"。但正如前面所述，实验不可重复，只是表明研究工作尚待完善，还有重要的工作要做，这样的工作不宜急着公布。但这样的工作不等于伪科学，不可随便以此为由对它加上"伪科学"的帽子。因为这样加帽子正好会混淆科学、非科学与伪科学的界限。

（4）反对伪科学，同时必须为科学研究创造宽松、宽容和自由探索的环境，不然，后患无穷。反对伪科学理论通常仍然属于学术的范围，应当通过正常的说理的、讨论的方式解决，至于对于某些打着科学的旗号宣传宗教迷信的东西，则应通过加强对民众的科普宣传的方式来解决，揭露其伪科学的性质，同时又要切记尊重对方宗教信仰的自由权利，不能要求对方必须放弃宗教信仰，并以尊重科学为名而进行压制。不然就将十分不利于社会的稳定。这是已经有痛彻教训的，要切记教训。对于伪科学行为，则必须通过严谨的周密的经验调查，在清楚地认定事实的基础上，根据其情节的轻重，予以道德的谴责或法律的制裁。但在搞清事实之前，千万要十分慎重。尤其不能以"打击伪科学"为由，伤及科学研究应有的宽松、宽容和自由探索的氛围。在我国，近期以来，在科学界某些人的不当作为之下，在这方面多有可检讨之处。例如，对于徐业林的无偏二极管的研究，以及对于清华大学的几位教授以著名气功师严新作为被试进行的艰难的"人体科学"研究，完全应当为他们创造宽松、宽容和自由探索的环境，何必急不可耐地进行大肆讨伐呢？像徐业林的无偏二极管研究，2004 年 12 月 2 日《光明日报》才进行了报道，同年 12 月 9 日方舟子先生就在《北京科技报》上以《永动机神话为何重现江湖》为题著文予以严厉谴责。从方舟子先生看到《光明日报》上的报道，到着手著文批判，再到北京科技报编辑、审稿、印刷、发行，前后总共只有 7 天时间，我想方舟子先生和《北京科技报》是根本未曾进行严谨的调查，仅凭违反能量守恒定律就进行了严厉的批判与声讨。徐业林的实验是否属实与对这个实验的机理进行解释，这是两个不同的问题，首先应当查实实验结果是否属实，然后可以通过百家争鸣的方式对其中的机理进行探讨，怎么可以不做任何调查，仅凭"冒犯"能量守恒定律就进行如此声嘶力竭的声讨与讨伐呢？在这种情况下，徐业林团队还怎么能有宽松、宽容和自由探索的氛围来进行静心的研究呢？这种讨伐是否会干扰了必要的、良好的科学研究氛围？方舟子先生那样地急匆匆地对徐业林的无偏二极管的实验研究进行讨伐和批判，是否过于急躁和浮躁了点？对于清华大学的陆祖荫、李升平教授的团队的人体科学研究也一样。这项研究的未知的内容以及会影响实验结果的不确定的因子也实在太多，应该让少数人进行静心的踏实的研究。这样的研究也许要经过几代人、几十年的努力，才能做出可接受重复检验和链条式检验的实验成果来。即使用更长的时间才能做出来，但一旦做出来，仍不失为重大成果。怎么可以刚着手研究，就在社会上进行"文化大革命"式的大批特批、大肆讨伐呢？这种做法都破坏了正常的学术研究，甚至影响到整个国家的科学研究氛围，其害甚大。科学界有责任向民众做科普，特别是普及科学精神、科学思想和科学方法，但要切忌搞"文革"式的大批判、大声讨，也要切忌急躁和浮躁。

结　　语

　　由于在我国，科学哲学的研究向来比较薄弱，尤其是关于科学与非科学的划界问题，打从 1949 年以后，连最初步的补课工作都不可能进行了，导致了我国的知识界，包括科学界、哲学界、新闻界、政治界，在划界问题上是严重地缺课了。新中国成立以后，多次出现反科学浪潮，以及后来以反对"伪科学"的名义出现的某些不正常现象，其实都与划界问题上的观念模糊和混淆密切相关。而且迄今为止，我国在这个问题上的研究和普及工作仍然做的不能令人满意。因此，笔者呼吁，我国的知识界、科学界和哲学界都来关注这个问题，加强对这个问题的研究工作和宣传普及工作，这对在我国创造更加宽松、宽容和自由研究的学术氛围，并在国民中普及科学精神、科学思想、科学方法、科学知识，免受伪科学、反科学的东西的危害，一定能起到很好的作用。